平台策略

在數位競爭、創新與影響力掛帥的時代勝出

The Business of Platforms

Strategy in the Age of
Digital Competition, Innovation, and Power

協助企業家與管理者建立可長可久的平台事業！

- 四步驟，啟動平台事業
- 避開失敗平台常犯的四大致命錯誤
- 傳統企業加入平台經濟的三種方式
- 提前掌握未來將成為重要平台的四項新興技術

麥可・庫蘇馬諾 Michael A. Cusumano ｜安娜貝爾・高爾 Annabelle Gawer
大衛・尤菲 David B. Yoffie——著　陳琇玲——譯

各界推薦

作者結合多年的研究與實務指南和實際案例，可靠地記錄平台的規則與陷阱。這是已經加入或打算加入平台事業的所有經營者或參與者的必讀之作。

——史蒂芬・卡斯里爾（Stephane Kasriel），Upwork執行長

無論你是想了解平台依據什麼經濟邏輯的顧客，或是想學習平台策略的事業經理，還是想清楚平台治理的監管者，本書都將為你提供深入切實的建議。從「平台」一詞還不為人所知時，就開始分析平台事業至今的三位專家，將在本書提出最新解答。這是了不起的論文和知識的寶藏。

——班特・霍姆斯壯（Bengt Holmström），麻省理工學院（MIT）
保羅・薩繆爾森（Paul A. Samuelson）經濟學與管理學講席教授，
並榮獲2016年諾貝爾經濟學獎

對於平台業者或想與平台競爭的企業來說，這本書必看不可。就連傳統企業也必須了解如何發展成平台，並與其他平台合作。聽起來很複雜嗎？這本書會教你怎麼做。

——阿恩・索倫森（Arne Sorenson），
萬豪國際（Marriott International）執行長

每項業務都應該加入平台、順從平台或成為平台嗎？政府應該譴責、監管或複製平台事業嗎？這本書不僅回答這些問題，還提供對平台基礎和上層結構的批判性認識。對於每一位企業領袖和社會領袖來說，這是學習當代事業經營必要課題的寶典。非看不可！

——里德．亨特（Reed Hundt），
聯邦通訊委員會（Federal Communications Commission）前主席、
《錯失的危機：歐巴馬的關鍵決定》
（*A Crisis Wasted: Barack Obama's Defining Decisions*）作者

對平台事業感興趣的所有管理者、企業家、投資人和學者都該看看這本書。內容嚴謹、論述精闢且深入淺出，讓人受益匪淺。

——理查．史馬蘭奇（Richard Schmalensee），麻省理工學院史隆管理學院
（Sloan School of Management）前院長、《媒合者：多邊平台的新經濟模式》
（*Matchmakers: The New Economics of Multisided Platforms*）合著者

作者簡介

麥可・庫蘇馬諾（Michael A. Cusumano）

麻省理工學院史隆管理學院傑出教授。曾任東京理科大學（Tokyo University of Science）院長兼副校長，發表一百三十多篇論文並出版十三本著作，包括與大衛・尤菲（David B. Yoffie）合著的《誰殺了網景：網景與微軟的網路對決》（*Competing on Internet Time: Lessons from Netscape and Its Battle with Microsoft*）和《我們這樣改變世界：賈伯斯、比爾蓋茲與葛洛夫給下一代創業者的五堂必修課》（*Strategy Rules: Five Timeless Lessons from Bill Gates, Andy Grove, and Steve Jobs*），與安娜貝拉・高爾（Annabelle Gawer）合著的《平台領導力：英特爾、微軟和思科如何驅動產業創新》（*Platform Leadership: How Intel, Microsoft, and Cisco Drive Industry Innovation*），與理查・沙貝（Richard W. Selby）合著的《微軟祕笈》（*Microsoft Secrets*），以及個人著作《軟體產業》（*The Business of Software*）和《耐力致勝》（*Staying Power*）。現定居美國麻州格羅頓和劍橋。

安娜貝拉・高爾（Annabelle Gawer）

英國薩里大學（University of Surrey）數位經濟教授暨數位經濟中心主任。已發表二十多篇論文，與庫蘇馬諾合著《平台領導力》，並編輯兩本有關平台的書籍。她是推動平台策略研究和管理實務的領導人物，針對數位平台的監管向歐盟委員會（European Commission）、英國國會上議院（House of Lords）和經濟合作暨發展組織（OECD）提出建言。現定居倫敦。

大衛・尤菲（David B. Yoffie）
哈佛商學院（Harvard Business School）國際企業管理系傑出教授。曾任許多高科技企業董事，並自1989年至2018年擔任英特爾（Intel）董事，為該公司最資深的董事之一。已發表二百多個個案研究，售出超過四百萬份；同時已出版十本著作並經常為《紐約時報》（*New York Times*）和《華爾街日報》（*Wall Street Journal*）撰文。現定居美國麻州牛頓市。

譯者簡介

陳琇玲（Joyce Chen）
美國密蘇里大學工管碩士，已出版譯作百餘部並多次獲得金書獎殊榮，現以翻譯為樂，熱衷求知探索。代表譯作包括《杜拉克精選：個人篇》、《第五項修練III：變革之舞》、《歐巴馬勇往直前》、《小眾，其實不小》、《物聯網革命》、《人工智慧的未來》、《數據、謊言與真相》、《成為我自己：蜜雪兒・歐巴馬》等。

推薦序

平台經濟下之動態能力

邱奕嘉博士／政大商學院副院長

二十一世紀的通勤族，不再是閉目養神或埋首閱讀；二十一世紀的餐桌風景，也不再是閒話家常或情感熱絡。人人都變成低頭族，專注守護著一方螢幕，那是個人通往世界的主要窗口。實體店面一間一間萎縮，取而代之的是線上比價與下單；紙本書籍銷售量下滑，文字的傳播並不附帶紙質觸感，滑閱取代了翻頁。新興科技改變了消費樣態，更根本地改變了企業的運作模式，讓企業從傳統線型運作變成串聯雙邊或多邊的平台運作模式。

平台運作模式讓過去不可能串接的企業個體，透過科技運用而能夠在一個平台共同運作，並因此衍生出各種新興的商業模式。舉例來說，在傳統時代，要客製化硬體，幾乎是不可能的，但身為硬體製造商的蘋果公司（Apple），可以把為數眾多的軟體商聚集在App Store上，讓每位消費者手中看似同一個硬體的iPhone，因為下載了不同的應用程式（App），而成為獨一無二的「硬體」。線上的亞馬遜（Amazon）、淘寶，更把為數眾多的商店聚集在線上平台上，達到無界零售的境地，顛覆了傳統零售業對於空間與時間的限制。這些都只是新興科技改變商業世界的一隅。

傳統企業競合的關係也因為新興科技的運用而有不同的發展。在傳統的企業經營策略思維中，「競爭」是最重要的指導原則，即使所謂的「競合」或「合作」，也是為了競爭。但在平台的經營中，不同企業個體在同一平台或生態系統運作時，他們必須思考如何善用彼此、借力使力，來滿足目標用戶的需求，例如淘寶上的賣家必須善用淘寶上的工具，挖空心思來吸引用戶目光，而淘寶也必須不斷推陳出新，以滿足賣家的需求。即使不同賣家間，看似為競爭對手，但其實卻是彼此追求共榮。試想若某一賣家因創新商品而吸引人潮，這種集客力也會回饋到其他商家，其他商家也必須絞盡腦汁，把握機會善用這股人潮。這也正是為何許多小型商家會捨棄自己架設網站，而選擇直接在淘寶販售的行銷模式。

然而，平台模式令人深畏的莫過於「網路外部性」（network externalities）所形成的大者恆大的效應。這種效應來自於用戶的購買意願深受使用者人數多寡影響，而非單純的產品服務本質，這使得傳統蹲馬步、練基本功的思維受到一定程度的挑戰。以騰訊公司為例，它於1998年創立，二十年的光景裡，已成為中國影響力最深的平台企業之一，最知名的產品微信的月活躍帳戶數超過十億，而依附於微信上的微信支付也成為騰訊最知名的支付工具之一。騰訊的遊戲業務順勢高速增長，穩定發展成為中國遊戲龍頭。在微信成長過程中，也有許多公司發展類似的工具，如中國電信的易信、阿里巴巴的來往等，平心而論，其產品功能並不亞於微信，但最終仍然無法與微信所建立的網路外部性抗衡。

尤其從平台邁向生態系統經營的廠商，擁有多元產品服務與用戶群，這樣多元組成已經很難被定義是屬於哪個產業或哪種類型的公司，而且只要有新的用戶群加入，或透過借風使力、順水推舟鏈結其他廠商，它即可以迅速進入新的細分市場，並透過平台覆蓋（platform envelopment）策略，對既有競爭對手造成嚴重威脅與挑戰。今日的騰訊正是一個鮮明的例子，它早已不只是單純的單一平台，而是透過各事業群不斷進行覆蓋競爭與大量策略投資，形塑出一套完整的多元生態系統，騰訊音樂已成為全中國最大的線上音樂服務生態系統就是一證。

傳統企業或許可以輕率地漠視新興科技所帶來的衝擊，但這是非常危險的，因為必須確保你的競爭對手不會率先採用平台模式，以形成大者恆大效應，席捲所處產業，因為你不成長，你的競爭對手會成長。而且最麻煩的是，在平台世界中，企業的產業範疇很難定義，因此你永遠不知道你的競爭對手是誰、會從哪裡出現。沒有人會事先想到臉書「社交」平台會影響到「廣告」業的發展。

事實上，平台商業模式形成已久，早期的市集甚至連工商電話簿都是某種平台的觀念運用，大約在2000年初期左右，這樣的發展才受到學術界的重視。然而新興科技發展快速，平台商業模式也不斷演進。本書的三位作者分別任教於麻省理工學院、英國薩里大學和哈佛商學院，長期研究新興科技與平台策略，本書匯集了他們近幾年來研究的精華，除了深入介紹平台商業模式的內涵與特性之外，更介紹平台策略最新的發展。對於想要了解平台策略的讀者而言，本書絕對是重要的參考依據。

全書共分七章。第一章主要是介紹平台思維與內涵，深入介紹平台類型：創新型、交易型、混合型，並透過豐富的案例比較三種差異。第二章則是探討平台的市場特性，尤其是網路外部性議題，除了詳盡介紹網路外部性，更點出企業不能只靠網路外部性，必須要同步考量其他市場因素，包含了：用戶的多歸屬（multi-homing）、差異化和利基市場、進入障礙等。若只是一味追求網路外部性，而忽略了上述三項因素，大者不一定恆大，後發還是可以先至。本章的最後，更進一步探討數位技術對上述因素的影響及衝擊。第三章則從商業模式設計的角度，探討不同的平台類型該如何透過四個步驟，建立起平台事業。本章針對每一個步驟，皆透過案例公司的說明，由淺入深地分析每一階段建立時的關鍵事項，提供企業主重要的指南。第四章可說是本書的精華，作者針對失敗的平台企業，歸納出四個主要的失敗原因及誤區，包含了：定價或補貼不當，以致於無法發揮網路外部性；沒有與平台用戶建立起足夠的信任；沒有密切留意競爭對手，以致錯失先機；沒有可行的策略就貿然進入市場。這些失敗的案例與啟示，絕對是管理者與企業家重要學習的參考。第五章則是探討企業在執行平台策略時，究竟該自行建立？購買抑或是加入現有的平台？透過豐富的案例，作者介紹三種模式的差異，並針對不同類型的公司，提出具體發展建議。第六、七章，則是將視角拉到總體（macro）的層次，分別介紹平台治理的問題，尤其當大者恆大時，所產生的反托拉斯、隱私與公正性等議題。而第七章的最後，則探索下一代新興科技，如量子電腦（quantum computer）、基因編輯等，對企業經營與社會發展的影響。

本書的撰寫風格非常親民與務實，迥異於傳統管理書籍之生硬艱澀語法，其引用大量豐富的案例，陳述複雜的理論，讓讀者可以從案例的演示中，體會平台策略的內涵，並透過成功及失敗案例的發展，進行典範學習。值得一提的是，本書在每一個章節最後面，節錄了「管理者和企業家該熟記的重點」，讓讀者可以更精準掌握每章重點，尤其相關內容是從實務界觀點切入，對於企業經營者而言，更有醍醐灌頂之效。

在數位經濟時代，企業不應單純地把自己視某產業的一部分，而應是用商業生態系統觀點進行策略分析，並試圖與生態系統的不同廠商進行互相合作，去創造和維持市場優勢。而任一項新技術的發生都會使得生態系統間的合作關係，產生量變或質變，因此在詭譎多變的競局中，每位企業主都必須重新扮演創業家的角色（entrepreneurial role），精準掌握內外部環境的變化，洞悉（sense）潛在機會，並能透過商業模式設計與資源投入，掌握（seize）市場機會；企業經營者更必須透過組織與文化的重塑（transform），以落實獲利的基礎。透過洞悉、掌握、重塑建立平台經濟下的動態能力（dynamic capability）。了解平台商業模式，絕對是企業致勝的第一步。

目 錄

前言與謝詞

這本書是三位作者匯集過去三十年在研究、思想和經驗上的心血結晶而成的。當初撰寫這本書的動機源起於，高爾和庫蘇馬諾在2002年出版的《平台領導力》[1]一書迫切需要續集。《平台領導力》這本書幫助許多公司和其他組織思考平台策略和生態系統創新，也為我們自己和其他許多學者的後續研究奠定基礎。但是十幾年過去了，關於平台事業還有許多事情可說。

《平台領導力》介紹了一個我們稱為「四個槓桿」（Four Levers）的架構。我們設計這個架構，旨在協助平台公司制定強化本身定位和生態系統的關鍵決策。第一個槓桿牽涉到如何在鼓勵第三方公司進行平台創新，跟決定自行建立互補產品之間取得平衡。我們看到的顯著實例是，微軟（Microsfot）同時建構Windows作業系統（平台）和Office套裝軟體（不可或缺的產品）。第二個槓桿討論如何設計一個可取用且可模組化的平台，讓外部企業可以更輕鬆地建構自己的互補創新。第三個槓桿提出協助生態系統公司（ecosystem company）在平台進行創新的新做法，譬如支持工具、開發者論壇和有標的性的創投基金。第四個槓桿探討平台領導者如何在內部做好安排，在跟互補企業競爭需要第三方企業信任他們時，能保持某種看似中立的狀態。

除了《平台領導力》這本著重於介紹現有平台業者領導原則的著作，我們還在2008年的《麻省理工學院史隆管理評論》（*MIT Sloan Management Review*）雜誌裡發表一篇論文，介紹兩種新概念：**核心策略**（coring）和**引爆策略**（tipping）[2]。「核心」策略指的是企業如何在尚未啟動平台的市場中，成為平台領導者。我們建議的策略是找出整個產業的問題，然後導入產品、技術或服務作為解決該問題的「核心」或必要解決方案（或解決方案的關鍵部分）。它的構想是保留對技術和貨幣化機會的控制權，但提供第三方輕鬆取用，譬如便宜或免費的授權條款，以及模組化設計，以便其他公司可以輕鬆連結到平台，並在平台上提供產品或服務。這方面的成功實例包括：英特爾的x86微處理器和微軟的DOS，以及後來以Windows作業系統作為建構IBM相容個人電腦的解決方案。另一個例子是Google的免費搜尋工具欄，作為瀏覽網路的解決方案。「引爆」策略是指在有多個平台業者，但沒有哪一個平台業者在市場中占據主導地位時，該採取的一系列策略。成功的引爆策略實例包括：Google使用一種聯盟〔開放手機聯盟（Open Handset Alliance）〕，讓智慧型手機製造商團結一致，跟蘋果的iPhone競爭。另一個策略是補貼市場的關鍵部分，Google在決定免費贈送Android作業系統時，就是這樣做。而蘋果公司藉由「延伸覆蓋」（enveloping）相鄰市場產品的功能，將iPod音樂播放器發展為iPhone時，也是採用引爆策略。[3]

我們合寫的這本新書囊括以上這些想法，但更全面地審視平台策略，這是因為《平台領導力》只處理了我們在這本新書裡所談的「創新平台」（innovation platform）的部分，但在這本新書中，我們利用多年的經驗討論創新平台，也以同樣篇幅討論更為常見的「交易平台」（transaction platform）。另外，我們也會討論「混合型」（hybrid）的企業與平台，其中包括世界上最有價值的企業。

我們花了三年時間完成這本書。從2015年展開這本書的寫書計畫，當時庫蘇馬諾和高爾開始蒐集數據，了解平台業者長久下來是否真的比傳統事業表現得更好，結果事實證明確實如此。我們還寫下有關市場動態的初步構想，以及與交易平台相比，創新平台的商業模式和策略有何不同。尤菲在2015年跟庫蘇馬諾合著《我們這樣改變世界》後，就加入我們。《我們這樣改變世界》涵蓋一個詳細的分析，說明平台思維如何在微軟、英特爾和蘋果公司發展。[4]然後，我們擴大這本新書的探討範圍，研究平台公司常犯的錯誤、傳統企業試圖與數位平台競爭所面臨的挑戰、平台治理和反托拉斯問題，以及可能會對平台未來產生極大影響的一些新興技術。同時，我們希望影響學術界同儕和學生對平台的未來進行研究，雖然我們的主要受眾仍然是企業主管和企業家。

我們很高興再次跟HarperBusiness出版社的Hollis Heimbouch合作。我們的著作《平台領導力》就是由Hollis擔任編輯，當時她在哈佛商學院出版社（Harvard Business School Press）工作。後來她到HarperBusiness出版社任職時，也是《我們這樣改變世界》的編輯（這本書現已發行十八種語言的譯本）。當初她對另一本講述平台的書籍有興趣，促使我們完成這本書，並讓從業人員盡可能便於取得本書。我們也感謝她對本書初稿提出寶貴建議。

平台是受網路效應和多邊市場動態（multisided market dynamics）驅動的獨特事業。我們在1980年代後期和1990年代初開始研究平台並跟這類企業合作時，當時在鑽研策略與創新的學者中，平台還不是一個定義明確或熱門的研究主題。但在撰寫本書時，我們不僅超越最初的想法，還能以深入研究平台且不斷成長的學術研究為根基。最重要的是，我們必須向這些學界同儕（按資歷排序）致謝：史馬蘭奇、湯瑪斯・艾森曼（Thomas Eisenmann）、大衛・伊凡斯（David S. Evans）、傑弗瑞・帕克（Geoffrey Parker）、馬歇爾・范艾爾史泰恩（Marshall Van Alstyne）、安德烈・哈邱（Andrei Hagiu）和桑吉・喬德利（Sangeet Paul Choudary）。感謝他們撰寫的諸多精湛著作與論述。我們在這本書裡多次提及他們的研究。

我們感謝幾位讀者對本書初稿提供詳盡的意見，特別感謝Pierre Azoulay、唐娜・杜賓斯基（Donna Dubinsky）、Nilufer Durak、Andreas Goeldi、Shane Greenstein、哈邱、Mel Horwitch、亨特、Divya Joshi、Mary Kwok、Michael Scott Morton、Apoorva Parikh、史馬蘭奇、Kiyoshi Tsujimura、Julian Wright、Nataliya Langburd Wright和Feng Zhu。跟高爾共事的Peter Evans也啟發我們設計一張平台公司的完整清單。Carliss Baldwin、Robert Seamans和其他參加2018年7月波士頓大學（Boston University）平台策略研究研討會（Platform Strategy Research Symposium）的與會者，也在針對數據分析的研討會和討論中，提供非常有用的意見。我們感謝麥可・賈各比德（Michael Jacobides）和卡曼洛・森納莫（Carmelo Cennamo）對於創新平台和交易平台這種架構的貢獻。另外，感謝Ganesh Vaidyanathan協助進行量子運算的討論，Samantha Zyontz以及Gigi Hirsch和David Fritsche幫忙進行基因編輯技術（CRISPR）的討論。

幾名研究助理協助平台公司的數據庫與分析，在此，我們對Danny Nightingale、Damjan Korac、Georges Xydopoulos和Ankur Chavda（他們提供最新的統計分析）致上謝意。我們也感謝尤菲在哈佛商學院的研究助理Eric Baldwin和Daniel Fisher以及助理Cathyjean Gustafson，針對背景研究和編輯方面的協助。

最後，要感謝我們的伴侶和家人的耐心與鼓勵。庫蘇馬諾感謝老婆Xiaohua Yang，高爾感謝老公David Bendor，尤菲感謝老婆Terry Yoffie。

麥可・庫蘇馬諾

安娜貝爾・高爾

大衛・尤菲

2018年12月

第一章

平台思維

介紹

我們如何發展至此？

定義平台

平台商業模式：兩種基本類型

數據怎麼說

後續章節概述

這是眾所周知的故事。1980年7月，IBM的幾位主管拜訪當時年紀輕輕的比爾．蓋茲（Bill Gates）。當時蓋茲是成立五年的微軟公司的共同創辦人兼執行長，他已經在業界樹立個人電腦程式語言第一把交椅的名聲，這個新興市場正蓄勢待發。IBM正計畫為企業推出個人電腦，希望微軟提供作業系統。起初，蓋茲沒有同意，他建議IBM去找另一家新創公司——數位研究公司（Digital Research）。結果，雙方交涉失敗，所以IBM團隊回到西雅圖找微軟幫忙。這次，在員工西和彥（Kazuhiko Nishi）和共同創辦人保羅．艾倫（Paul Allen）的鼓勵下，蓋茲決定接下這份工作。微軟以75,000美元的價格購買一個原始作業系統，進行一些調整後，將其命名為MS-DOS，代表微軟磁碟作業系統（Microsoft Disk Operating System）的縮寫。[1]

故事中比較不為人所知的部分是，蓋茲如何跟IBM達成交易。基本合約沒什麼特別之處：蓋茲向IBM收取200,000美元的開發費，並為其他技術工作收取500,000美元。蓋茲還授權IBM使用DOS的權利，以及跟新電腦搭配的幾種程式語言產品。不過最重要的是，蓋茲允許IBM**無須支付任何額外費用或權利金**，條件是微軟（而且只有微軟）可以授權讓其他製造商使用DOS。[2]

蓋茲究竟在想什麼？

蓋茲熟悉1960年代和1970年代在IBM大型主機周邊興起的「複製品」（clone）產業。這些複製品為IBM相容機器開發周邊軟體和服務，當時這類新業務規模相對較小。蓋茲心想，如果IBM個人電腦開始普及，就很可能出現一個以個人電腦為主軸的新大眾市場。如果只有他一個人有權將作業系統授權給想要製造IBM相容個人電腦的公司，那麼微軟將成為整個新產業的核心。[3]實際上，在後續幾十年當中，這個產業〔如今我們稱之為「生態系統」（ecosystem）〕吸引成千上萬家軟體公司和硬體公司，生產數百萬種「互補」的應用軟體，以及像印表機、照相機和遊戲控制器等周邊設備，目前還有超過十億用戶。

蓋茲決定贈送基本軟體給IBM，換取授權軟體給其他公司的權利，現在已經是「平台思維」眾所周知的經典實例[4]（這項協議也是IBM做出**最不當的**決策之一）。但是，如果微軟免費贈送軟體給主要顧客，那微軟賺什麼錢呢？蓋茲意識到，這個新市場將會是一個「多邊」市場，他的目標不是要透過將DOS作為獨立**產品**，銷售給IBM來獲取最大利潤；相反地，蓋茲是要把作業系統變成整個產業的**平台**，作為讓許多公司可以用這個平台當基礎，建構個人電腦和相容的應用軟體。IBM似乎打算生產使用微軟軟體的個人電腦，來控制個人電腦市場。但對蓋茲而言，鼓勵許多公司投資生產與IBM個人電腦相容的硬體和應用軟體，將使個人電腦（尤其是微軟作業系統）變得愈來愈有用也愈來愈有價值。蓋茲自己很快就投入到應用軟體事業，利用Word、Excel和PowerPoint等軟體，讓IBM相容個人電腦市場蓬勃發展並賺取更多利潤。他首先是為1984年推出的蘋果麥金塔電腦（Macintosh）寫軟體，然後將DOS跟Windows等作業系統跟個人電腦綁定，接著在1990年則以Office套裝軟體搭售以Windows為作業系統的個人電腦。為鼓勵其他公司協助擴大對個人電腦的需求，蓋茲還決定免費提供建構DOS或Windows作業系統應用軟體所需的軟體開發工具套件（software development kit，簡稱SDK）。

相較之下，蘋果共同創辦人暨執行長史蒂夫·賈伯斯（Steve Jobs）並沒有免費提供軟體開發套件，也沒有嘗試建立廣泛的應用市場，相反地，他在1982年聘用微軟並支付蓋茲50,000美元的預付款，請微軟編寫跟DOS不相容的麥金塔個人電腦的應用程式。[5]賈伯斯還向想要自己建構麥金塔應用程式的開發人員收取數百美元的費用。開發費往往是程式設計師在開發應用程式時，不得不支付的龐大額外費用，最貴的是蘋果Lisa電腦的應用程式開發費，高達10,000美元。Lisa是蘋果公司在推出麥金塔前的失敗之作，是在麥金塔可用前，作為軟體開發平台。此外，程式設計師還必須購買一些程式語言和資料庫產品。[6]但賈伯斯對此的理由是，利用容易使用的圖形介面，麥金塔將會是一款很棒的產品，軟體開發業者想取得設計應用程式的權利，就**應該付他錢**。但是麥金塔從來沒有在市場上拿下相當比例的市場占有率，部分原因出在應用程式的缺乏和硬體價格高昂（大約是IBM相容個人電腦的兩倍，因為蘋果公司是唯一製造商，所以不會發生價格競爭導致降價的局面）。最後，個人電腦先是使用DOS，然後使用Windows作業系統（模仿麥金塔容易使用的使用者介面），搶占將近95%的個人電腦市場。[7]

當時，**微軟考慮的是平台；IBM和蘋果公司考慮的是產品**。

近年來，個人電腦跟社群媒體、線上市集、雲端運算和智慧型手機一樣，成為**平台**事業，而不是**產品**事業。以個人電腦來說，我們稱之為平台事業的意思是，跟傳統事業不同，微軟作業系統作為獨立產品的成功與否，不僅僅取決於這個作業系統本身的品質、價格或時機，更重要的是在微軟作業系統上執行的互補創新，像是許多公司生產的應用軟體或數位服務的數量和品質，這些軟體和服務決定使用者可以利用個人電腦做什麼。這些「互補產品」為核心產品（我們現在稱為創新平台）增加重要，甚至是必要的價值。

為了將自家作業系統產品轉變為平台，微軟還必須解決一個關鍵的「雞生蛋或蛋生雞」問題：如何鼓勵其他公司建構刺激個人電腦需求的應用軟體。結果，微軟作業系統廣泛且廉價的授權使用，促進全球許多公司生產低成本硬體，然後使用相同技術的個人電腦使用者的數量不斷成長，為程式設計師設計更多相容應用軟體創造需求。誰贏誰輸，不是取決於產品品質或功能，而是取決於誰可以將新興市場的多「邊」做最好的整合，並產生有利的「回饋循環」（feedback loop）。

時間拉近到2018年4月。臉書（Facebook）共同創辦人暨執行長馬克・祖克柏（Mark Zuckerberg）面臨困境，出席美國國會聽證會作證。臉書成立於2004年，最初是建立一個可透過網路造訪個人簡介檔案的個人電腦應用程式。到了2018年，祖克柏的免費軟體和服務讓超過二十二億人能夠發送消息、分享新聞報導或照片、影片等數位內容，並能跟親朋好友、認識的人、事業夥伴和顧客，設立群組、進行匯款以及其他無數活動。在臉書發展初期，用戶積極號召朋友加入，然後是朋友的朋友，再來是朋友的朋友的朋友，大家共同組成一個迅速遍及全球的人脈網絡。在臉書提供的新功能輔助下，這個社群網路成為日益重要的**交易平台**，讓用戶進行溝通、電子支付和其他用途，以及本身核心業務——針對貼文內容刊登特定廣告。2007年，在微軟（並非偶然成為臉書的主要投資者）的主導下，祖克柏開始利用臉書的用戶數據和其他功能，讓臉書成為**創新平台**，也就是成為社群媒體應用程式的作業系統。這項決定讓外部企業和獨立程式設計師有權設計遊戲和其他應用程式，很快地數以百萬計的應用程式應運而生，並讓臉書成為更難以抗拒的體驗。

但是平台的發展未必總在意料之中，尤其是當平台能夠從公司內部和外部增加這麼多新功能時。2014年，劍橋大學（University of Cambridge）一位研究人員與劍橋分析公司（Cambridge Analytica，現已破產）這家英國小型諮詢公司合作，開發一支臉書應用程式，主要目的是追蹤用戶及其朋友的偏好。在用戶毫無戒心的情況下，這支應用程式提供多達八百七十萬美國臉書用戶的數據，並透過提供支持美國總統候選人唐納·川普（Donald Trump）及批評對手希拉蕊·柯林頓（Hillary Clinton）的假新聞，協助俄羅斯駭客鎖定特定用戶。[8] 美國國會要求祖克柏解釋，他那看似無害的社群媒體平台如何成為了外國政府如此具有殺傷力的工具。祖克柏在書面證詞中解釋說：

> 我們面臨著與隱私、安全和民主有關的許多重要問題。您理所當然要我回答一些難題。在談論我們為解決這些問題所採取的步驟前，我想談談我們如何發展至此。
>
> 臉書是一家秉持理想主義和樂觀主義的公司。公司成立至今，我們花大多數時間，專注於讓人們彼此聯繫帶來的所有好處。隨著臉書規模日漸擴大，世界各地的人們已

經獲得一項強大的新工具，可以跟他們所愛的人保持聯繫，表達自己的意見，並建立社群與事業。最近，我們已經看到#metoo運動和為我們的生命遊行（March for Our Lives）運動如火如荼地進行，臉書至少在其中發揮部分助力。另外，哈維颶風（Hurricane Harvey）過後，人們募集超過2,000萬美元的救助金，臉書也有貢獻。現在有超過七千萬家小型企業使用臉書來發展和創造就業機會。

但是，目前的事態明確顯示，我們做的還不夠，無法阻止這些工具也被用於造成危害。假新聞、外國對美國選舉的干預、仇恨言論，以及開發人員和數據隱私都是如此。我們沒有對自己應盡的責任做全面的了解，這是一大錯誤。這是我的錯，我很抱歉。我創辦臉書，經營臉書，我會對臉書上發生的事情負責。[9]

我們如何發展至此？

對於那些關注商界動態的人來說，現在眾所周知，平台公司是地球上最有價值的公司，也是第一個（暫時）價值超過上兆美元大關的公司。如果我們檢視2018年年底的市場價值，名列前茅的平台公司是微軟、蘋果、亞馬遜和Alphabet（自2015年以來一直是Google的母公司）。平台領導企業還包括臉書、阿里巴巴和騰訊。這七家公司的市值總和接近5兆美元。此外，在最近列出的二百多家現存和先前的「獨角獸」企業（市值超過10億美元的新創企業）中，我們估計平台公司就占了60%至70%。這些公司由螞蟻金服（母公司為阿里巴巴）、Uber、滴滴出行、小米、Airbnb和其他一些知名私人企業領軍（其中一些公司計畫不久後讓股票公開上市）。[10]

所以，沒錯，請教祖克柏先生（和蓋茲先生），**我們是如何發展至此的**？少數幾家公司如何對我們個人、職業，甚至政治生活以及世界經濟，產生如此龐大的影響？「市場」不是什麼新鮮事，市場可以追溯到幾千年前，但是遍布全球的數位平台是新的。企業如何控制資訊流，以及如此眾多的商品和服務？這些新實體與我們過去看到的市場龍頭企業在哪些方面有所異同？而這些能以前所未見的方式、利用用戶數據以及規模經濟（scale economy）與範疇經濟（scope economy）的數位巨擘，在市場主導地位和業務擴張上是否有其侷限？

這些問題都不簡單，牽涉層面極為廣泛。這個世界充滿現有和新興的平台戰場，這些戰場將對我們未來的生活產生重大影響。我們可以預見，數位平台和相關生態系統將成為我們組織新資訊技術的方式，這些新資訊包括人工智慧、虛擬實境和擴增實境、物聯網、保健資訊，甚至量子運算。我們也會看到點對點交易平台取代傳統事業或與傳統事業競爭，尤其是在「共享」經濟或「零工」經濟（“gig” economy，譯注：指的是由工作量不多的自由職業者構成的經濟領域，利用網際網路和行動技術快速匹配供需方，這些工作者與企業組織簽訂短期合約，屬於獨立約聘人員，不受工作時間、地方和雇主限制）日益擴大和新技術氾濫之際。使用區塊鏈（分散帳本技術雖非牢不可破，卻非常安全）和加密貨幣（通常不受銀行和政府控管的數位貨幣），可能大幅減少從傳統銀行到供應鏈合約與監控等各種服務的需求。

在我們撰寫本書時，另一個熱門話題是，政府愈來愈有必要重新思考數據隱私法、反托拉斯法和其他可能限制最強大平台事業的法規。平台公司已經多次面對反托拉斯的挑戰，而且這類事件可能日漸增加。歐盟（European Union）在2017年對Google母公司Alphabet處以27億美元的罰款，並在2018年對涉及Google Search和其智慧型手機Android作業系統的反競爭行為，處以51億美元的罰款（當時Google Search在除了中國和俄羅斯以外的全球市場，擁有90%的市場占有率，而Android作業系統也在全球市場擁有高達80%的市場占有率）。實際上，Google的Android作業系統已經取代微軟Windows，成為世界上最受歡迎的作業系統，擁有超過二十億用戶。如果我們加上利用Google的Gmail（每個月有超過十億活躍用戶）和Youtube（將近二十億用戶）的網路搜尋數據，還有Google為特定廣告產生的個別介紹頁面，那麼Google可能擁有比臉書更多的個人資訊。[11]另一家野心勃勃的平台公司亞馬遜正針對本身數億用戶及其交易蒐集大量數據，並在美國受到愈來愈多的關注。亞馬遜銷售超過五億種個別產品，已經打亂圖書、消費電子產品、數位音樂及影片、雲端運算服務、雜貨、藥品和包裹運送等市場。[12]政府監管機構及競爭對手應該如何因應這些新的權力中心？

這些是我們在本書中要解決的問題。在大約將近三十年間，身為本書作者的我們一直研究平台公司並與他們合作，這些平台公司為個人電腦、網路和智慧型手機建構必要的技術和應用軟體，因而我們在這段期間出版的相關著作包括：《微軟祕笈》（1995年）、《數位匯流時代的競爭策略》（*Competing in the Age of Digital Convergence*，1997年）、《誰殺了網景》（1998年）、《平台領導力》（2002年）、《軟體產業》（2004年）、《平台、市場與創新》（*Platforms, Markets, and Innovation*，2009年）、《耐力致勝》（2010年）、《軟體生態系統》（*Software Ecosystems*，2013年）、《我們這樣改變世界》（2015年）。而且，我們還撰寫十多篇論文，包括以蘋果公司為例的個案研究，該個案以多個版本銷售超過一百萬份。[13]我們先前的大部分研究（尤其是《微軟祕笈》和《平台領導力》）都著重於平台領導者激勵第三方公司進行互補創新的能力。但是此後，人們已經對於數位平台如何影響商業、政治和社會，採取更廣泛的看法。本書以我們先前的研究（詳見「前言與謝詞」的概述）和同事的研究為基礎，目的是幫助管理者、企業家和政策制定者更加了解如何利用平台思維的力量，同時避免一些不利的後果。

大多數人都知道，哪些公司影響平台策略和商業模式的發展，這些公司包括：英特爾（成立於1968年）、微軟（1975年）、蘋果公司（1976年）、IBM（1911年），這些企業讓個人電腦在1980年代和1990年代初期，締造大眾市場現象。1990年代中期，第二批企業在個人電腦上建構網路軟體與服務，由亞馬遜（1994年）、網景（Netscape，1994年）、eBay（1995年）、雅虎（Yahoo，1995年）、Google（1998）、日本的樂天（Rakuten，1997年）、中國的騰訊（1998年）和阿里巴巴（1999年）領軍。在接下來的十年中，出現社群媒體，首先是Friendster（2002年）和MySpace（2003年），然後是臉書（2004年）和推特（Twitter，2006年）。最近，市值數十億美元的新創企業，像是Airbnb（2008年）、Uber（2009年）和中國的滴滴出行（2012年），讓大家特別關注「共享」經濟或「零工」經濟。這些企業讓智慧型手機用戶和個人電腦用戶，跟提供房間出租或乘車服務的業者、無以計數的其他產品和服務做媒合。現在，我們將這些公司統稱為平台公司，即使這些公司並不相同。

有些人認為，在數位競爭的新時代裡，傳統商業規則不再適用，對那些不了解平台策略和商業模式、大數據分析、人工智慧、機器學習、看似為遊戲新規則的人來說，他們可就要倒大楣了。我們認為，這種說法有部分屬實；但我們也認為，人們對「數位革命」有一些誤解，尤其是平台公司的成功之路絕非坦途或掛保證，也跟我們以往所見截然不同。為什麼？因為當今許多平台都不是可持續的事業。為了長遠的成功，無論競爭對手是數位平台還是傳統事業，所有公司最終都必須比競爭對手有更優異的表現。企業必須在財務上運作得當，在政治上能站得住腳，也能為社會大眾所接受，不會因為債務、社會反對聲浪、政府法規或全球貿易戰而被壓垮。這些觀察是常識，但在針對數位平台的所有炒作中，我們有時將這種現象稱為「平台狂熱」（platformania），而常識很容易被遺忘。

問題可能很複雜，但我們的論點很簡單：是的，平台公司的管理者和企業家必須了解數位競爭、創新和影響力的優點，但他們也必須熟知，適用任何公司和任何時代的事業經營與良好治理的基本原則。平台不會僅僅因為熟練使用數位技術、聰明的「多邊」市場策略，或將所有員工歸類為「零工經濟」契約人員而產生利潤。如果銷售仰賴對市場單邊或多邊的大量補貼，而平台持續虧損，那麼平台愈大，損失的錢就愈多。簡單講，數位時代的管理者和企業家必須學會生活在傳統經濟和平台經濟這兩種世界裡。這意味著什麼以及如何做到，就是本書要探討的主題。

定義平台

在深入了解更多細節前，我們先釐清本書討論的「平台」意指何物。在日常對話中，我們在許多情況下都聽到「平台」一詞，往往讓人對平台的定義產生混淆。政治人物在**意識平台**上一較高下，意即為了共同目標將人們集結在一起的想法或政策。人們在**實體平台**（指定的區域），讓人們聚集在一起，共用某種交通工具。企業建構**產品平台**，使得在企業及其供應鏈（如汽車製造商或飛機製造商）中的不同工程團隊，可以更有效地建構相關產品「系列」的零件和子系統，而不必從頭開始建構每個產品。

通常平台將個人和組織連結在一起，以實現共同目的或分享共同資源。在本書中，我們關切的重點是，隨著個人電腦、網際網路和行動通訊技術而出現的**產業平台**（industry platform）。這些產業平台也創造出在公司內部和外部使用的組件或共用功能，不過，平台是在產業（或生態系統）這個層級發揮作用。而為更重要的是，**平台把個人和組織結合在一起，**

讓個人和組織得以創新或進行互動，這是其他方式不可能做到的，而且平台在效用和價值等方面具有非線性成長的潛力。[14]

在本書後續章節，我們會提出一些具體實例，說明平台在「效用和價值等方面的非線性成長」。簡單講，這表示產業平台的實用性可以隨著網路的強大而成長：至少理論上，每個新用戶都可以從其他所有用戶的造訪，以及平台可用的創新而受惠。因此，我們擁有的實用價值和經濟價值不是因為簡單的用戶數增加而增加，如同傳統商業模式一次增加一個用戶或進行一次創新那樣；相反地，如果每個新用戶都可以連結到其他所有用戶，或是從平台成員已經可以使用的所有其他創新產品和服務中受惠，那麼平台的價值就會出現指數型的成長。

大家所說的「網路效應」（network effect）就是源自將不同用戶和市場參與者彼此聯繫在一起，所產生的一種正向回饋循環。這種循環可以擴展到整個生態系統，將生產者、供應商、用戶、事業合作夥伴和其他利益相關者全面連結起來。我們認同「跟經營傳統事業相比，依據網路效應建立事業必須以不同的方式，思考市場動態和競爭策略」這種說法。平台事業也有不同的賺錢方式，因為他們可能不會直接銷售獨立的產品或服務。不過，與此同時，並非所有平台都需要數位時代才出現的「革命性」策略和商業模式，也不見得都要將傳統事業邏輯棄置不用；[15]而且「將平台公司視為『媒合者』（matchmaker），將不同市場參與者聚集在一起」這種想法也未必總是有用，儘管這是許多平台事業的共同功能。[16]

多年來，我們還主張在平台市場中，擁有**最佳平台**比擁有**最佳產品**更為重要，[17]看看蘋果麥金塔電腦這個實例就能證明。在容易使用和設計優雅等方面，麥金塔都是比DOS或早期Windows PC更為出色的個人電腦，儘管有其優勢，但由於麥金塔系列的電腦沒有最佳平台，因此在過去三十年內，市場占有率一直停留在個位數。麥金塔電腦太貴了，因此很難為其建構應用程式，而賈伯斯也不鼓勵大規模採用，例如降低價格或將該技術授權給其他公司。

可以肯定的是，並非每個產業都適合平台策略。通常獨立的產品或服務是擊敗競爭對手或賺取最大獲利的最佳方式，但在以下情況下，應該優先考慮平台策略，而非獨立產品策略：(1)有機會利用外部企業的創新能力來提高價值；(2)進行交易比直接擁有資產和直接交付產品或服務更有經濟價值。管理者和企業家必須了解，產品和平台策略跟商業模式的不同之處，以及這些個別做法的使用時機。在許多（雖然不是全部）產業中，平台可以創造比傳統事業和傳統供應鏈更大的價值。在某些情況下，像是個人電腦、智慧型手機、電玩遊戲機，甚至是社群媒體，外部企業的創新就能**決定**平台事業的成敗。以下簡要概述產業平台與眾不同的原因。

參與多邊市場

首先，產業平台透過**將兩個或兩個以上的市場參與者或不同的「邊」**（如買方和賣方，或具有用戶、應用程式開發者和硬體生產者的作業系統製造商）**結合在一起**，提供產品或服務。如果沒有平台，這些市場參與者或市場不同的邊，就不可能進行互動或輕鬆連結。平台公司可以藉由鎖定市場的一邊開始著手，如購買者或用戶，但是隨著時間演變，平台公司通常會連結那些想要進入市場另一邊的參與者，如互補性創新的賣方或生產者。舉例來說，臉書於2004年成立，原先的目的是讓哈佛大學（Harvard University）學生跟同學們彼此聯繫，結果隨著人們呼朋引伴，臉書迅速擴展。臉書很快找到另一組市場參與者：廣告商，這些公司基於人們交流的內容，推銷商品和服務；然後，臉書向第三邊市場：應用程式開發業者（如遊戲業者）或想了解用戶行為的公司（如劍橋分析公司），開放本身的平台；再來是第四邊：內容業者，如電子報、線上雜誌、新聞網站、音樂網站等（參見圖1-1）。

產生網路效應

其次，當產業平台將用戶連結到其他用戶或其他市場參與者時，就會產生**網路效應**。[18]網路效應的獨特之處在於，隨著

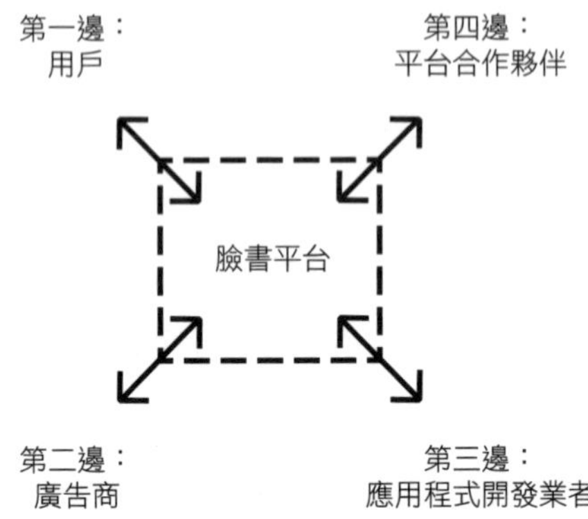

圖1-1：臉書平台與生態系統

愈來愈多人或組織使用同樣的產品或服務，加上愈多互補創新產品或服務出現，個別用戶體驗的價值可能隨之增加。[19]網路效應可強可弱，可正可負，當網路效應強大時，平台的效用和價值就呈現非線性成長。這些強大的回饋循環讓臉書在短短幾年內，從兩名用戶激增到超過二十億用戶。

網路效應聽起來像一個模糊的概念，但我們可以透過一些具體實例，解釋網路效應如何發揮作用。在只有一個人使用電話、傳真機、個人電腦或訊息傳送應用程式的情況下，這些平台技術就不會產生任何網路效應，因此幾乎沒有價值可言。當有兩個人使用這些技術時，這些創新就變得更有用，三個人也是如此，依此類推。更多用戶使用，就鼓勵更多用戶加入，這是一種正向回饋循環。用戶對用戶的吸引力也是我們稱之為「直接」或「同邊」（same-side）網路效應的一個例子。同樣地，新的智慧型手機作業系統如果只有幾個用戶，就不太可能吸引許多廣告商或互補應用軟體開發業者，但如果用戶數增加，則可能出現更多廣告商和互補應用軟體開發業者的參與。

這些實例道出規模經濟和網路效應密切相關的原因。此外，負面的網路影響（如用戶數下降或用戶評價不佳或過多廣告干擾），可能導致使用率迅速下降。社群網路中的Friendster和MySpace，以及智慧型手機業者諾基亞（Nokia）和黑莓公司（Blackberry）都遭受負面網路效應的衝擊，導致業績迅速下滑。

當市場的一邊（如用戶）吸引市場的另一邊（如提供互補產品和服務的賣方或開發商），我們將這種網路效應稱為「間接」或「跨邊」（cross-side）。這種情況的特別有趣之處在於，市場的不同邊為平台事業提供產生收入的潛力，平台自己無須直接生產產品或提供服務，而且平台可以利用市場的不同邊，替代跟傳統供應商的合約，專注於投資公司內部的能力或直接擁有關鍵資產。比方說，蘋果公司、Google、微軟和臉書不必設立自己的工程團隊或簽訂合約，也不必支付第三方供應商設計在其平台上運行的數百萬個應用軟體，即使他們自己設計了一些應用軟體。同樣地，Uber、Lyft（美國第二大網路叫車公司)、滴滴出行和Airbnb不必擁有用戶乘車或租屋時可用的任何汽車和房屋，即使這些平台公司日後可能決定擁有或租賃車輛和建築物。

解決雞生蛋或蛋生雞這個問題

再者，為了連結更多市場參與者並讓網路效應開始發揮作用，所有產業平台都必須解決**「雞生蛋或蛋生雞」這個問題**，這表示市場的某一邊需要先介入，並提供吸引市場另一邊的東西。這種動態會因為平台類型和特定事業而有所不同，有時需要雙邊同時參與，並以一種鋸齒型的方式共同成長，如同信用卡用戶和商家那般。[20]儘管如此，平台事業面臨的挑戰始終是相同的：從哪裡開始、如何開始，以及如何獲得足夠的動能，然後持續擴展。解決雞生蛋或蛋生雞這個問題，然後如果市場的一邊只在市場另一邊完全參與時才實現價值，那麼要產生**強大的**網路效應可能非常困難。通常，情況就是這樣。結果是，平台公司必須決定市場的哪一邊要優先考量：是司機或潛在的共乘乘客；是有空房出租者或潛在租屋者；是智慧型手機製造商或應用軟體開發業者。

通常，傳統企業能更直接地影響客戶如何看待其獨立的產品和服務，這類企業可能大幅仰賴供應商，比較不重視第三方企業自願投資互補產品或服務。許多新平台之所以無法成長，就是因為他們誤判市場哪一邊最重要，這就是為什麼蘋果麥金塔電腦在全球個人電腦市場上，從未取得可觀市場占有率的原因之一。其他新平台永遠無法超越最初的發展階段，因為他們需要太多資金補貼市場的某一邊，並在產生夠大規模經濟和夠強大的網路效應以實現獲利並持續生存前，就已經把現金或創投資金用光。

平台商業模式：兩種基本類型

數位經濟中的平台可以做很多事情，我們可能會依據各式各樣的應用程式，建構一種複雜的類型學，但為了簡單起見，我們將個人電腦、網路和智慧型手機中出現的數位平台，依據本身的主要功能分成兩種基本類型（詳見圖1-2）。第三章會更詳細討論這種類型學以及不同的策略和營運挑戰。在此，我們先提供簡要概述。

第一個類型是我們說的**創新平台**。[21]這些平台通常由共用技術組件的擁有者和生態系統合作夥伴組成，大家的目標是創造新的互補產品和服務，譬如智慧型手機應用程式或來自蘋果iTunes或網飛（Netflix）的數位內容。透過「互補產品或服務」，我們這裡指的是這些創新增加功能或利用資產，讓平台愈來愈有用。網路效應來自於互補產品或服務的數量漸增或

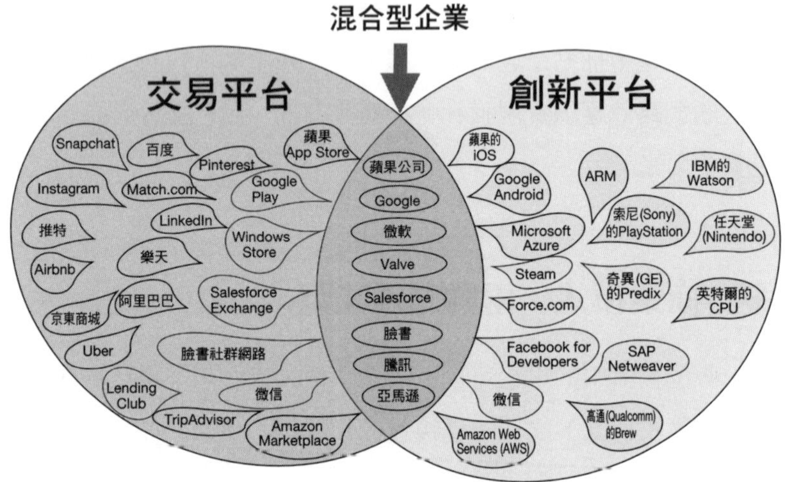

圖1-2：平台的兩種基本類型*

效用愈大：互補產品或服務的數量愈多或品質愈高，平台對用戶、競爭者和其他潛在市場參與者（如廣告商和投資者）的吸引力就愈大。微軟的Windows作業系統、Google的Android作業系統、蘋果的iOS和亞馬遜的雲端運算服務Amazon Web Services是常用的作業系統和雲端運算服務，作為電腦和智慧

* 此圖較早的版本由高爾協同森納莫和賈各比德共同開發。

型手機生態系統的創新平台。

我們將第二種類型稱為**交易平台**。[22]這類平台主要是仲介商或線上市場，讓人們和組織可以共享資訊，或者購買、銷售和取得各種商品與服務。交易平台的參與者、功能、數位內容或服務愈多，交易平台就變得愈有用。同樣地，最重要的是數位技術和規模讓這些平台在當今世界上變得獨特又強大，Google Search、Amazon Marketplace、臉書社群網路、推特和騰訊的微信，就是每天都有數十億人使用的交易平台實例。像萬事達卡、威士卡和美國運通卡等信用卡，以及工商電話簿（Yellow Page，跟電話一起配送的工商名錄）等目錄，都是在數位時代前產生的交易平台。

兩種平台類型之間存在重要的策略差異。創新平台通常藉由促進新的互補產品和服務的開發來創造價值，這些產品和服務有時是由平台業者自行建立，但大多數是由第三方公司建立，通常平台和第三方公司之間並沒有簽訂供應商合約。平台公司往往透過直接銷售或租賃，來獲取價值和實現價值（將平台貨幣化）；在少數免費使用平台的情況下（如Google的Android作業系統），平台公司透過銷售廣告或其他服務，將平台貨幣化。相較之下，交易平台通常藉由促進商品和服務的購買或銷售，或者促進其他互動（譬如讓用戶能夠創造內容和共享內容），來創造價值和實現價值。擁有這種平台的公司主要透過收取交易費、廣告費或兩種費用都收來獲取價值。

有些公司從一種類型的平台開始著手，然後增加第二種類型的平台，或者混合並用，連結這兩種類型，我們將同時支持這兩種平台的公司稱為混合型公司。有些人使用「混合」（hybrid）一詞，來指強調將產品和平台事業相結合的公司，如蘋果公司、甲骨文公司（Oracle）、思愛普（SAP）或Salesforce。但是，在本書中，如同我們會在第三章討論的那樣，我們使用「混合」表示同一公司或同一平台基礎架構內，將創新平台和交易平台這兩種策略組合運用。

數據怎麼說

很顯然，公開資本市場和私人資本市場已經在個人電腦、網路服務和智慧型手機的相關平台，賦予龐大的價值，然而沒有人對這些相對較新企業的長期績效進行系統化的分析，並將他們與傳統經濟中的企業進行比較。為了補足這個重要環節，在2015年開始撰寫這本書時，我們分析了企業二十年的績效，追溯到二十年前，也就是1995年。當時大眾市場的網際網路首次出現，人們利用網景和微軟的瀏覽器使用網路。根據「富比士全球二千大企業」（Forbes Global 2000）排名，我們在2015年找出四十三家公司，這些公司為新的數位平台奠定基礎，其中十八家為創新平台公司，二十五家為交易平台公司（有關公司列表，詳見附錄表1-1）。我們的經驗法則是，公司必須至少有20%的收入來自與網路效應相關的業務，才能視為平台公司。請注意，我們排除較舊的平台公司，如電話和電信業者、信用卡公司，儘管他們仍名列「富比士全球二千大企業」排名之中，也仍然是平台業務的重要實例，但我們並沒有將這些公司列入分析。

我們的第一個發現是，跟個人電腦、網路和智慧型手機有關的上市平台公司相當少，在將近二千家公司中，我們只找到四十三家公司符合這個條件。我們還依據產業類別，將這些公司跟「富比士全球二千大企業」名單中隸屬同產業別的非平台公司進行比較。從數位平台的營收來說，在這些產業控制樣本中的公司的績效都差不多，平台營收的中位數約為48億美元，而同期非平台公司的營收則是43億美元（詳見表1-1）。在使用各種統計控制條件後，我們發現平台公司與非平台公司控制樣本之間，在銷售上並沒有任何顯著的差異。[23]

我們的發現是，儘管營收跟同業其他公司不相上下，但我們分析的平台公司約有半數員工創造更高的營業利潤、更高的市場價值、更高的股價營收比。平台公司在研發、跟銷售、市場行銷和管理相關的其他費用上，投入更多資金，但他們在營收和市場價值方面的成長也更快。同樣地，在「富比士全球二千大企業」名單中，平台公司也比傳統上市公司在世界經濟中更具生產力（依照每名員工銷售額計算），創造更高的利潤和更高的價值。從上述任何方面來看，我們樣本中的四十三個數位平台都表現優異，我們還刪除像蘋果公司、亞馬遜、微軟和Google這些大企業，進一步檢視我們的分析並得到類似（且在統計上具有重要意義）的結果。[24]

這些數據也讓我們比較創新平台與交易平台。雖然樣本很小，但是兩種平台顯然彼此不同，即使業務部分全都依靠網路效應來驅動。我們在表1-1中看到，跟交易平台相比，創新平台的銷售額中位數和員工人數中位數要大四到五倍，市場價值中位數大約高出三倍。創新平台的研發支出占營收的比例也相對較高，而在銷售、行銷和一般管理費用方面的支出則相對較少，但是交易平台在營收和市值方面的成長速度更快，而且市值營收比也較高。換句話說，投資人認為從企業營收方面來看，交易平台比創新平台更有價值。

我們還分析四十三家上市平台公司幾年前的年度報告，並計算二百零九家直接競爭對手（已退出市場的上市和私人平台公司）。實際上，我們樣本中的四十三家公司是這場競爭的倖存者，而在2015年，只有17%（二百五十二家中的四十三家）仍然是獨立的上市公司。我們將在第四章進一步討論這項數據。

表1-1：「富比士全球二千大企業」的市值：1995至2015年同業控制樣本與平台公司

變數	富比士全球二千大企業	同業控制樣本（扣除43家創新平台與交易平台）	創新平台與交易平台	創新平台	交易平台
企業數	1,939	100	43	18	25
銷售額（百萬美元）	$5,586	$4,845	$4,335	$10,118	$2,119
員工人數	18,900	19,000	9,872***	26,600	6,349
營運獲利%	13%	12%	21%***	21%	21%
市值（百萬美元）	$6,876	$8,243	$21, 726***	$37,901	$13,277
市值營收比	1.39	1.94	5.35***	4.19	7.07
研發支出占營收比	4%	9%	13%***	13%	11%
營運費用占營收比	16%	17%	24%***	22%	33%
營收成長	8%	9%	18%***	13%	29%
市值成長	10%	8%	14%***	12%	21%
觀察企業數	5,121	1,018	374	239	135

*** = $p < 0.001$，使用雙樣本中位數差異檢定〔Wilcoxon rank-sum（Mann-Whitney）test〕，比較「同業控製樣本」和「創新平台與交易平台」。

市值營收比＝市值與前一年銷售額的比率。

營運費用占營收比＝銷售和行銷費用＋總務費用和行政費用除以銷售額。

成長數字是指前一年的數據。

觀察企業數跟每家公司的數據年限有關，取決於公司上市的時間。平均來說，我們擁有十八個創新平台的十三年數據，以及二十五個交易平台的五年數據。

我們也可以觀察個別公司的財務狀況，但是一家公司財務績效表現優異，是否主要是因為本身的**平台策略**或**產品策略**，答案往往不得而知。以蘋果公司為例，這家公司是否因為本身強大的網路效應和iPhone的多邊市場策略（現在約占其營收的60%），而如此獲利可觀並具有價值？或者，蘋果公司市值的絕大部分來自本身的設計技巧、品牌，以及對iPhone和其他產品與服務收取高價的能力？我們可以問其他公司類似的問題：思科（Cisco）、甲骨文、思愛普或Salesforce的成功，有多少來自平台策略和網路效應，而不是本身產品和服務的卓越性能和品牌價值？亞馬遜的例子則更加複雜，因為本身將平台業務與非平台業務加以整合。跟亞馬遜的「純」平台業務、Amazon Marketplace和Amazon Web Services相比，亞馬遜的市值有多少來自與線上商店及其龐大實體倉庫系統相關的規模和範疇經濟？在2017年，線上零售商店的營收約占亞馬遜總營收的三分之二，Amazon Marketplace的營收約占亞馬遜總營收的17%，Amazon Web Services的營收占亞馬遜總營收的比例則不到10%，但占營業利潤的60%，往年的比例甚至更高。[25]亞馬遜未必年年細分這些數字，所以很難進行歷史分析。

不過，有了這些警告，我們可以說大多數倖存下來成為上市公司的平台事業，都是非常成功的企業。這種成功至少有部分來自本身平台策略和商業模式，以及強大的產品或服務業務。

後續章節概述

我們以下將分章討論一個特定主題和一套準則。根據我們的經驗與研究，我們相信這些討論會幫助管理者和企業家了解平台市場的真正功用，以及如何建立長久持續的平台事業。

第二章審視平台市場的基本驅動因素，以及市場成果由「贏家通吃」或「贏家拿到最多好處」的動態。為了獲得主導市場的市場占有率，企業需要掌握平台競爭的幾個面向。[26]首先，企業必須鼓勵並利用網路效應，我們以裝設電話附贈工商電話簿的歷史實例來說明，就算沒有現代數位技術的支持，同邊和跨邊網路效應如何運作。但我們也說明，為什麼網路效應不足以支配市場，比方說，有時用戶基於相同目的參與多個平台，這種做法稱為「多歸屬」。主導平台通常會讓用戶難以使用多個平台，或不必要使用多個平台。此外，成功的平台事業可減少利基市場或差異化競爭者的影響，進一步削弱市場占有率和網路效應，而且所有企業都需要建立重要的進入障礙。在本章結束時，我們將討論數位技術如何影響四個市場驅動因素和平台競爭。

第三章說明創新平台與交易平台在策略和商業模式的不同。這兩種平台都遵循相同的步驟建立本身的業務，但是進行方式卻互不相同。交易平台和創新平台都需要確定市場的關鍵參與者，並解決本身獨特的「雞生蛋或蛋生雞」問題（意即評估哪一邊更重要，以激發人們的興趣並吸引另一邊）。不管是創新平台或交易平台，都需要尋找能夠產生價值並轉化為營收和利潤的商業模式，也都面臨類似的治理挑戰；但是這兩種平台必須吸引不同類型的市場參與者，解決不同的啟動問題和貨幣化問題，並管理不同類型的生態系統。我們也會討論混合策略的趨勢，以及這種策略為某些知名平台公司帶來的優勢。創新平台可以增加交易功能，協助平台分銷互補產品和服務，就像蘋果公司、Google、微軟和Salesforce對其應用程式商店所做的那樣。亞馬遜、臉書、Snapchat、Uber和Airbnb等交易平台可以增加創新平台功能，協助平台以最少的內部投資，增加第三方公司的新功能與服務。混合型企業在連結或整合這兩種類型平台的程度上也有所不同，有些企業採取高度整合，有些看上去更像是現代的「數位集團」。

第四章探討開創平台事業會遇到的實際問題，以及管理者和企業家常犯的錯誤。由於網路效應的重要性，許多人以為率先進入市場者在平台競爭中具有優勢，但我們的數據顯示，事實正好相反。在傳統經濟和數位經濟中，有時率先進入市場是一種優勢，但平台市場上的大多數先行者卻失敗了，更常見的情況是，追隨者開始奪取先行者的市場。但在所有情況下，時機和持續創新都至關重要，在市場已經往某個平台「傾斜」

後，管理者和企業家應該對進入市場持保留態度，因為網路效應會讓其他平台很難輕易從平台領導者那裡搶奪市場占有率，但是如果平台領導者變得自滿而停止創新，或是出現其他差異化和利基市場的機會，新創平台者就有可能在後期進入平台事業並在競爭中勝出。

第五章以傳統企業面臨的困境為主題。數位革命是否讓舊經濟企業成為注定滅絕的恐龍？還是傳統企業可以適應數位競爭的新技術和新規則？顯然，個人電腦和網路的歷史證明，一些沒有善用數位通路的傳統企業將無法適應，像是書店、百貨公司、旅行社或經紀公司。但是我們已經為想要學習新把戲的「老狗」，找出三種策略：自行建構平台、購買現有平台，或加入現有平台，因此如果平台挑戰者入侵傳統企業的領域，傳統企業可以使用這些方法抵禦新進入者並更有效地競爭。為了說明傳統企業的機會與阻礙，我們檢視倫敦計程車、沃爾瑪（Walmart）的收購策略，以及奇異公司（General Electric，簡稱GE）為工業物聯網（industrial internet of things，簡稱IIoT）建構平台的嘗試。

第六章探討平台治理以及數位平台在法律、政治和社會等方面經常遇到的挑戰。許多人認為，平台公司和數位技術通常對個人和世界經濟都有利，它們似乎代表技術進步與效率，並促進資訊、技術和資金的全球流動。有些人則認為，平台對市場和社會的運作方式構成威脅，因為平台常常限制競爭，有時違反法律（如在稅收、勞動力、行業監管方面），並可能侵犯我們的隱私權和濫用我們常在不知不覺中提供的數據。我們的看法介於這兩個極端之間，我們將平台視為「雙刃劍」，平台既能行善，也能作惡。我們主張平台公司必須自我監管，並與用戶和生態系統合作夥伴建立信任關係。也許更為重要的是，我們認為管理者和企業家有可能預見並減輕來自反托拉斯、勞工和數據隱私訴訟的威脅。

第七章總結本書的重點並展望未來。我們如何評估新興技術在未來十年，甚至更長時間內，是否會成為重要平台？當然，沒有人擁有預知未來的水晶球，但是我們可以使用前幾章概述的準則，找出平台潛力並評估未來的不同情境。我們討論正在進行中的平台戰場的幾個實例，譬如自動駕駛汽車及其如何影響共乘平台，以及使用人工智慧的家庭數位助理引發的「語音戰」競賽。然後，我們探討在未來十年或二十年，隨著本身技術、監管和倫理挑戰的基礎技術，可能演變成新平台戰場的例子：量子電腦商業化的競賽，以及持續努力應用並建構依據CRISPR技術進行基因編輯的生態系統。我們得到的結論是，不受約束的開放平台時代已經結束，平台事業需要自我監管或「策畫」（curate），才能在社會、政治和經濟上持續存活。

第二章

贏家通吃或拿到最多好處

不僅僅是網路效應

網路效應：裝設電話附贈工商電話簿的教訓

其他市場驅動因素：多歸屬、差異化和利基市場、進入障礙

數位技術：對平台市場驅動因素的影響

管理者和企業家該熟記的重點

平台的力量在於快速、非線性成長的潛力，尤其是當企業贏得所有或大多數市場時。的確，在過去三十年內，我們已經看到數位平台在相當短的時間內，取得大約70%或更多的市場占有率，這些例子有：微軟的Windows作業系統和Office套裝軟體、用於個人電腦和智慧型手機的英特爾和ARM的微處理器、Google的網路搜尋技術和Android的行動作業系統，以及Uber在美國的共乘事業。我們還發現像社群網路的臉書、線上拍賣的eBay、發布短文的社群媒體推特（微型部落格）和共享房間的Airbnb等公司，已在全球市場站穩腳步。在中國，阿里巴巴是線上購物的龍頭企業，而騰訊的微信擁有數十億用戶，並在資訊傳遞和社群網路中占主導地位；新浪微博是中國最大的微型部落格平台，而滴滴出行已經淘汰或吸收共乘產業的大多數競爭者。

這些企業跟其他眾多平台公司無論規模大小，都從網路效應中受益匪淺，然而網路效應本身無法解釋為何特定公司最後會占據全部或大部分的市場，或為何其他產業仍然處於分散狀態。[1]在本章中，我們把重點放在討論影響平台事業動態的三個關鍵問題：(1)不同類型網路效應的重要性；(2)其他因素對企業績效的影響，包括多歸屬（基於同樣目的，同時使用另一個平台）、利基競爭和供應方進入障礙；(3)數位技術如何影響網路效應和其他市場驅動因素。我們特別以哈佛大學教授艾森曼、帕克和范艾爾史泰恩，針對平台市場動態所做的研究為基礎。[2]

網路效應：裝設電話附贈工商電話簿的教訓

有關平台市場的大多數討論都是從網路效應開始談起。當平台獲得更多用戶或者像軟體應用程式或數位內容商店等互補創新時，正向回饋循環（即網路效應）就會出現，並隨著用戶數或互補創新的數量增加，而讓平台日益強大。網路效應透過吸引更多用戶和互補業者，讓平台變得更有價值，但是許多人並不了解網路效應的實際作用，舉例來說，就算擁有較強網路效應的平台，也可能無法主導所屬市場或創造豐厚利潤。一些歷史實例有助於說明，網路效應如何影響市場動態和公司績效。

一個多世紀以來，我們已經知道一些新產品和服務，像是鐵路、電報和電話，還有電力、廣播和電視，隨著規模和用量的增加，因著這種強大的正向回饋循環而受益匪淺。隨著實體網路的擴展，就吸引更多用戶和更多的市場參與者，也開創出各種獲利商機，比方說，美國鐵路在1800年代中期開始興建時，還是封閉系統，僅限於一家公司和一個地區，而且軌距不相容，但是鐵路公司基於美國政府施壓而同意將軌道尺寸標準化後，所有符合條件的鐵路都直接因為網路效應而受惠。[3]此後，來自某家公司鐵路網（如在波士頓地區）的火車，就能連接到其他地區公司擁有的鐵路網，如紐約和巴爾的摩，最後是芝加哥、舊金山和西雅圖。一條可以從波士頓載運人們和貨物到舊金山的鐵路，遠比只能在當地運行的鐵路系統更有價值。隨著鐵路成為更有用的運輸系統，鐵路公司還利用政府贈地來建立互補業務，以吸引第三方投資，諸如當地交通、房地產開發、銀行、建築和其他服務等。同樣地，沒有電器用品和節目內容等互補創新，電力、廣播和電視就不是非常實用的技術。隨著愈來愈多的家庭使用電力，對更多電器用品的需求逐漸增加；當愈來愈多的節目內容出現在廣播和電視中，就有更多人想買收音機和電視機。

現今，利用個人電腦、網路和智慧型手機，我們生活在平台技術和網路的世界裡，我們可以連上不同的平台和網路，包括實體和虛擬的平台和網路，然而刺激這些市場的網路效應不是偶然發生的。企業和政府必須做出正確的策略和政策決策，才能推動強大的網路效應並改變產業，想像一下，如果鐵路軌距沒有標準化，情況會怎樣？倘若那樣，鐵路平台將侷限於單一企業，對交通運輸和經濟發展的助益就大幅減少。你也可以想想，要是電力系統發明者試圖控制所有使用電力設備的生產，這個世界會是怎樣的光景？可想而知，使用電力的創新產品數量可能很少。通常來說，網路效應因為特定策略決定而出現並因此受惠，如果管理者和決策者做出「錯誤」的決定，網路效應就會減弱或消失。

電話網路

電話是一個大家耳熟能詳的歷史實例，它說明多個市場參與者之間形成網路效應的力量，促使電話網路蓬勃發展。1876年，亞歷山大・葛拉漢・貝爾（Alexander Graham Bell）申請一種簡單的電話設備專利，這項設備使用類比技術複製聲音，並轉換為電脈衝，透過銅線傳導。幾年內，貝爾跟他的財務夥伴設立一家控股公司，總部位於麻州波士頓，名為美利堅貝爾電話公司〔American Bell Telephone，1899年更名為美國電話電報公司（American Telephone & Telegraph，簡稱AT&T）〕。該公司最終與獨立投資者所組成的為數約四千家的本地公司和區域性公司合作，將貝爾的電話商品化。[4]

即使在今天，電話系統仍然是不可或缺的通訊平台，讓數十億人能夠相互交談及透過其他設備（如傳真機）進行通訊。尤其是在早期，電話受益於強大的直接網路效應，擁有電話的人愈多，想要電話的人就愈多。當新的電話用戶激勵他們的朋友、家人和商業夥伴購買電話，網路效應就日益增強。用我們的術語來說，最初的電話服務是一個**單邊平台**（one-side platform），因為它只針對個別電話用戶，而沒有在個別電話用戶中做出區別，但是透過識別不同的細分市場，電話業務很快就成為一個多元化的市場，主要區分為撥打本地電話的用戶和需要撥打長途電話的用戶，以及家庭用戶和企業用戶。在不同細分市場中擴大使用範圍，已成為成長和獲利的主要來源。

1900年代初期，AT&T使用網路效應的概念向政府監管機構證明，將電話服務定價為低於邊際成本的決定是正確的，這樣有助於維持該公司壟斷市場的地位。這其中牽扯到的細節比我們在此所講的更為錯綜複雜，但企業經濟學家認為，全面覆蓋（universal coverage）將使網路裡的每個人受惠，所以依照這個理論來說，AT&T的做法是正確的。[5]讓幾乎每個家庭和辦公室都有電話，可能導致網路連結出現非線性擴張，進而讓「電話成為一種溝通平台的價值」的主張日益高漲。請注意，在圖2-1中，每增加一名用戶，網路潛在價值的增幅並非線性成長。事實上，假設長途電話服務最終將所有用戶的電話彼此連結，那麼每增加一個用戶，網路潛在價值就會藉由**其他已連結的既有用戶（節點）數量**，呈現倍數成長。

如今，我們為了紀念1970年代初期乙太（Ethernet）區域網路技術的主要發明者羅伯特．梅特卡夫（Robert Metcalfe），而將網路動態稱為梅特卡夫定律（Metcalfe’s law）。梅特卡夫認為，通訊網路的價值與其節點之間的連結數量相同，他用一

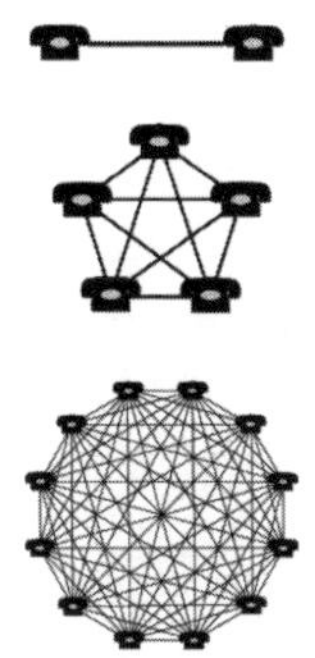

圖2-1：電話網路的連結或節點

資料來源：由德瑞克．柯慈（Derrick Coetzee）於2006年設計，供大眾公開使用。

個簡單的方程式描述這種關係：對於有n個節點的網路，其網路價值為n（n－1）/ 2。這個公式的意思是，兩個人（n=2）形成網路的潛在連結數目是1，或2（2－1）/ 2，五人網路則有十個潛在連結，百人網路則有四千九百五十個潛在連結，擁有百萬用戶的網路可產生將近五千億個潛在連結。值得注意的是，網路業務的成長潛力並非線性（有人會說網路成長是幾何成長，甚至是指數成長）。由於網路效應而產生的爆炸性成長，讓平台事業能在規模、效用和經濟價值等方面如此迅速擴展（或衰退）。

電話公司還必須解決「雞生蛋或蛋生雞」這個問題：一開始如何讓人們使用這個新技術。如果只有幾個人有電話，正向回饋循環就很薄弱，但是即使沒有使用梅特卡夫定律，電話公司也認為，隨著每個新用戶都能連結到網路上的其他用戶，網路效應就會隨著時間而增強。也許最重要的是，一部分投資者於1885年成立AT&T，作為貝爾電話公司（Bell Telephone Company）的子公司，以增強網路效應並讓電話網路貨幣化。AT&T提供有利可圖的「長途電話」服務，將幾千個本地電話網路（包括一些非貝爾公司擁有的電話網路）相互連接，尤其是在鄰近城市之間，然後是將電話網路拓展到遙遠的城市和農村地區，最後則是拓展到國外。

在美國，貝爾旗下的公司向個人和企業推出積極的市場行銷活動，試圖說服每個家庭和機構組織簽訂新的電話服務。由於當時電話仍然很昂貴，因此貝爾電話公司還是花了二十五年的時間，才讓美國10%的消費者和企業採用電話，再過三十九年，電話普及率在美國市場達到40%，比電視、網路或智慧型手機的普及要慢得多。[6]但最終，幾乎美國每個人和每個機構組織都使用（後來則普及到全世界）電話，首先是室內電話，然後是近年來的手機。

由於強大的直接網路效應，AT&T及其子公司在美國獲得近100%的市場占有率，他們這樣壟斷市場長達一個多世紀，其中一個原因是，母公司控制長途電話服務，讓本地網路變得更加有用也更有價值。其他市場驅動因素和與政府監管機構的協議，也支持贏家通吃這種結果。美國政府在美國任何一個區域內只允許一家電話公司設立，而這種壟斷服務受到嚴格監管，所以在將近一百年內，進入市場的障礙非常高，沒有差異化競爭者或利基競爭者，也沒有真正的替代技術。後來，技術創新和法規改變讓新的競爭者，譬如微波通訊公司（Microwave Communications Inc.，簡稱MCI，成立於1963年）能夠使用微波（而非電話線）為大企業提供電話和數據服務。但是在1990年代和2000年代陸續出現Sprint這類無線公司，然後是Skype這類有線電視公司和網路服務逐漸進入語音通訊業務前，仍然沒有大眾市場的替代電話平台。

從白頁到黃頁

美利堅貝爾電話公司於1878年率先推出電話後，就推出第一本電話簿（白頁），目的是幫助人們查找彼此的電話號碼和地址。[7]當初這種電話簿只是一個目錄，姓名和公司行號都依照字母順序排列，並依照城鎮或當地地區劃分，個人和組織都公開列出電話號碼。貝爾電話公司免費，或者說「號稱免費但並非免費」將電話簿贈予客戶，因為他們將電話簿的成本列入電話服務的費用中。[8]故事起源於其中一家印刷公司〔唐納利公司（R.H. Donnelley，現為Dex One Corporation）〕發現，某些用戶可能想要另一本只列出企業的工商電話簿，而且企業或許希望利用這本電話簿打廣告。1883年，這家印刷公司剛好白色紙張用完了，就換成黃色紙張印刷新的工商電話簿。唐納利公司於1886年正式接手印刷工商電話簿，並繼續使用黃色紙張以便跟以白色紙張印刷的住宅電話簿區分開來。[9]工商電話簿這項業務仍然由AT&T及其在各個地區經營的子公司所掌控，AT&T還利用工商電話簿的獲利，補貼全面覆蓋的費用，這讓監管機構更想破除AT&T的壟斷地位〔更新：美國政府強迫AT&T於1982年脫離各地子公司，此後工商電話簿業務的控制權轉移到當時在各個地區獨立運作的貝爾電話公司。[10]重組後的AT&T重新取得控制權，然後在2012年將大多數股權賣給博龍資產管理公司（Cerberus Capital Management）〕。[11]

顯然，工商電話簿的出現不是一個隨機事件，而是牽涉到幾個策略決策，包括從住宅電話用戶中細分業務，以及補貼我們現在所說的平台市場「對的那邊」。如果各個地區的貝爾電話公司只遵照先前印製住宅電話簿的做法，就會將工商電話簿免費提供給所有電話用戶，並將印製成本列入電話服務費用，但是AT&T、唐納利公司和各地經營的電話公司都將工商電話簿視為單獨的商機。以當今的術語來說，我們會說他們將企業電話用戶當成一組不同的用戶，並相信市場的「這一邊」可能願意為了連結到「另一邊」而付費。

為了讓這個構想有利可圖，工商電話簿必須解決兩個挑戰，我們現在知道所有平台公司都需要解決這兩種挑戰（詳見第三章）。一個挑戰是，如何鼓勵市場不同邊（在這種情況下，是住宅電話用戶和企業電話用戶）之間的強大網路效應。舉例來說，在工商電話簿中列出的企業愈多，用戶就愈希望利用工商電話簿來查找產品和服務；而工商電話簿的使用量愈多，希望列入工商電話簿的企業就愈多。第二個挑戰是商業模式：管理者必須確定向市場的哪一邊收費，以及收取多少費用。電話客戶可能會為工商電話簿額外付費，但他們可能不會付太多錢；儘管公司習慣支付廣告費用，但通常他們想知道會有多少人會看到他們的廣告，對於像工商電話簿這種新產品，觀看率卻還是未知數。

工商電話簿如何解決這兩個挑戰？後來，管理階層決定將工商電話簿免費贈送給住宅電話客戶，並向想要列入工商電話簿的公司收取費用。這項決定讓工商電話簿成為電話用戶搜尋產品和服務的主要方式。[12]沒有人能保證有多少人會真正細看特定公司的廣告，儘管如此，藉由免費提供這份目錄給住宅電話用戶，才能保證當地每個電話用戶家裡都有一本工商電話簿，都可以看到上面刊登的廣告，**不管住宅電話用戶是否想看到這些廣告**。時至今日，原先貝爾電話公司在各地的子公司，每年還繼續透過安裝電話座機，向每位客戶分送工商電話簿，維持這項保證。

以我們的術語來說，工商電話簿成為一種**雙邊交易平台**（two-sided transaction platform）。電話公司補貼住宅電話用戶，讓他們免費搜尋工商電話簿，並確保有更廣大的企業廣告受眾。在財務上，這種商業模式讓工商電話簿締造將近一百三十年的輝煌歷史！根據估計，在美國工商電話簿專營權「獲利可觀」，利潤率高達50%。到2007年年底，工商電話簿在美國仍是一項成長中的事業，每年銷售額至少達到140億美元。[13]

當然，沒有哪一種事業可以永遠持續下去，而贏家通吃的平台也一樣。如今，印刷的工商電話簿仍然存在，但主要提供年長者參考，隨著老年人口逐漸減少，擁有室內電話的住宅數量也日益下降。難怪唐納利公司和其他幾家仰賴工商電話簿的企業紛紛申請破產並進行重組，或像AT&T那樣賣掉本身在這項業務的權益。[14]如今，工商電話簿利用線上數位服務和紙本目錄得以倖存，儘管這種情況不可能持續太多年，但美國將近70%的家庭還會繼續收到工商電話簿。大多數本地企業每年還繼續支付數百美元，甚至數萬美元，在工商電話簿中刊登廣告（紐約市工商電話簿的廣告費率最高）。[15]

工商電話簿與數位平台的對照

如果工商電話簿的故事，讓現代讀者聽起來覺得很熟悉，倒也不足為奇。一直以來，我們已經多次看到類似的商業模式，只是形式不同罷了：一家公司免費或以低成本提供產品或服務的一部分，藉此刺激客戶採用其產品或服務，然後要使用產品另一重要部分則要收費，或對市場另一邊收費。個人和組織為電話服務付費並免費取得工商電話簿，而企業則為在工商電話簿上刊登廣告付費，以更現代的實例來說，我們知道微軟以低價授權個人電腦製造商使用DOS和Windows作業系統，並透過免費軟體開發套件吸引應用程式生產商；Adobe免費為個人用戶提供Acrobat Reader，然後以企業伺服器軟體和編輯工具打造價值數十億美元的事業；Google、臉書和推特藉由免費取用建立本身的用戶數，然後銷售廣告；阿里巴巴透過免費刊登來建立本身的線上交易平台，但針對購物平台上的較佳位置則要收費，而在某些交易平台（如天貓）則要收取交易手續費。

在過去二十年中，Google Search和其他搜尋引擎逐漸取代印刷的工商電話簿，但我們仍然可以比較兩者的商業模式。工商電話簿和Google Search都免費提供進入資訊網路的「窗口」（一個是印刷資訊，一個是數位資訊），而且可能讓市場雙邊找到彼此。兩家公司都將廣告賣給最想跟另一邊接觸的那一邊。工商電話簿確實為美國曾經嚴格監管的電話系統，帶來一種互補性的產品，Google Search則確實為全球網路，創造互補性的服務。法令的改變破壞AT&T壟斷電話的地位，而數位競爭則破壞美國工商電話簿事業100%的市場占有率。AT&T及其在各地的子公司在政府監管機構的批准下，控制工商電話簿這項業務，相較之下，Google的情況卻不相同。Google Search在沒有政府支持的情況下，在全球大部分地區獲得90%的市場占有率。事實上，在某些國家和地區，如中國和俄羅斯，政府限制Google的營運，在這些市場中，跟美國本地公司相比，Google Search的市場占有率大幅降低，這說明了政府監管的力量。

其他市場驅動因素：
多歸屬、差異化和利基市場、進入障礙

強大的網路效應是推動贏家通吃或贏家拿到最多好處等市場結果的強大驅動因素，但我們已經指出，只靠網路效應是不夠的，因為除了政府監管，還有其他因素也有助於特定公司獲得市場占有率。比方說，使用即時通訊軟體會產生非常強的同邊網路效應，就像電話一樣，但是從個人電腦上的ICQ和Yahoo，到智慧型手機上的WhatsApp和黑莓機的Messenger，大多數訊息傳遞平台從未獲利；中國的微信似乎是一個例外，微信已經從訊息發送（交易）平台擴展到電玩遊戲和支付服務等創新平台，並有幾種賺錢方式；但是這種商業模式受到政府

政府保護，免受全球競爭威脅（後續我們會對微信做進一步的討論）。但就整體說來，即時通訊市場為何很難向哪一邊傾斜並從中獲利呢？如果用戶可以輕鬆地基於同樣目的，同時使用**多個平台**，那麼市場就不可能圍繞特定平台而存在；如果競爭對手具備差**異化或利基的平台**，得以透過獨特功能轉移用戶；或是新公司可以**輕鬆進入**同一市場並利用更優質的服務或更低廉的價格參與競爭。這些條件通常都適用於即時通訊市場，以及其他眾多傳統產業和數位產業。因此，讓我們更仔細審視可以減少或增強網路效應的其他三個市場驅動因素。

多歸屬

傳統企業或平台公司都不想看到客戶使用競爭對手的產品和服務。在知名管理學家麥可·波特（Michael Porter）提出的架構中，競爭者愈多，競爭就愈激烈。[16]激烈競爭往往導致價格競爭，進而降低所有人的獲利。平台業者希望他們的客戶堅持使用一個平台，無論是為了運算、手機設備與服務、線上購物、房間出租或共乘服務。

跟傳統企業相反，許多平台（如工商電話簿、Google Search、Bing Search、Android作業系統、臉書或微信）都沒有直接向用戶收費，對於這些類型的平台事業，如果用戶使用多個平台（意即多歸屬），由於平台不直接銷售產品或服務，所以平台業績不會立即減少，不過多歸屬會削弱網路效應，而這些平台依靠網路效應來吸引其他市場，如廣告商或互補創新的生產者。[17]因此我們會看到，**即使擁有強大的同邊（直接）網路效應，用戶的多歸屬特性也會阻礙該平台，無法徹底從跨邊（間接）網路效應中獲利**。

推特就是擁有強大直接網路效應的經典實例。推特網紅吸引追隨者，並激勵更多推特用戶和更多追隨者。跟Google類似，推特透過銷售廣告，將本身的免費服務貨幣化，但直到最近，推特的高營運成本、新客戶取得成本、相對較低的廣告收入，讓推特本身的利潤微乎其微。推特的問題之一是，許多推特用戶的多歸屬特性，推特用戶也花時間（往往是花更多時間）在臉書、Instagram、Snapchat或WhatsApp上，傳遞有關個人或詳細事宜的訊息，如假期計畫、偏好的音樂或電影類型。結果是，儘管推特擁有強大的直接網路效應，但推特用戶的時間、注意力、個人詳細資訊，以及對第三方廣告的購買力，就被多個平台瓜分。

關鍵在於，多歸屬會影響網路效應，並間接影響平台的潛在收入和獲利，因此如何限制多歸屬是所有平台公司的重要目標。解決方案未必顯而易見，有些創新平台建立專屬標準（如微軟的Windows作業系統或蘋果公司的iOS作業系統），而其他創新平台則將互補服務綁定到該平台（如用於智慧型手機應用程式的Google Android和Google Play Store）；有些交易平台在航空公司和信用卡的帶領下，設計忠誠度計畫（如Expedia）；但有些平台公司也會犯錯，或是發現自己正在做出本身想要避免的選擇，尤其是，雖然市場「對的那邊」能以低價吸引用戶，但在市場「錯誤的那邊」採取低價策略，卻會鼓勵多歸屬並削弱跨邊的網路效應。

電玩遊戲就是一個很好的例子，它說明在不解決多歸屬帶來的潛在負面後果的情況下，積極取得市場單邊補貼的風險。[18]在2000年代初期和中期，微軟和任天堂決定銷售自家推出的新遊戲機（分別為Xbox和Wii），兩者價格差不多，都要價幾百美元。索尼採取的回應策略是，將PlayStation的價格保持在相對較低的水準，儘管該價格通常仍高於其他遊戲機。這三家公司都決定藉由向遊戲開發商收取高昂的許可費和授權金，讓他們能為平台編寫遊戲，藉此補貼用戶群，並從中獲得大部分或全部利潤。遊戲機製造商希望有龐大且不斷成長的用戶群，受到遊戲機價格低廉的吸引，能在市場互補創新那邊（也就是遊戲軟體業者）發揮強大的推動力，最終產生穩定的收入和獲利。微軟、任天堂和索尼自行開發一些遊戲，並投資遊戲公司以開拓市場，但他們也認為有必要建立一個充滿活力的獨立遊戲開發者生態系統。在電玩遊戲市場上，每個遊戲機在技術上都不相容，因此索尼、微軟和任天堂能夠為其平台取得一些獨家內容。只有規模最大的遊戲開發商才有資源為好幾個平台編寫軟體。

但是平台領導者採用的策略卻導致意想不到的結果：**遊戲機價格低廉，反而鼓勵多歸屬**。認真的電玩玩家（大多是青少年和年輕男性）通常會購買好幾台遊戲機，尤其是那些有引人注目遊戲的遊戲機。這些「熱門」軟體產品也隨著新一代硬體而出現變化。結果是，目前還沒有一家公司能占領全部或大部分電玩遊戲市場，並保持在多代產品中的領先地位，無法像微軟的Windows作業系統獨霸個人電腦業，或Google的Android作業系統在智慧型手機普及那樣。不同代遊戲機之間的市場占有率也各不相同，主要取決於哪家公司擁有最引人注目的新電玩遊戲或差異化的硬體功能。

差異化和利基競爭

所有企業都擔心競爭對手會透過更好的品質或滿足特定類型客戶的特殊需求，而讓其本身的產品和服務脫穎而出，而且即使是不直接銷售產品或服務的平台，也需要擔心差異化和利基競爭者。跟多歸屬帶來的挑戰類似，具有利基市場參與者的分散市場會削弱網路效應，並降低贏家通吃的可能性。同質性愈高的市場，強大網路效應吸引絕大多數用戶的可能性就愈高，這就會驅使市場朝單一平台傾斜。以智慧型手機為例，從表面上看，人們可能預期市場朝市場占有率初期領導者傾斜，就像個人電腦市場在1980年代以DOS作業系統為大宗，然後到1990年代以Windows作業系統為主那樣。蘋果公司在2007年6月推出iPhone後，就成為現代觸控螢幕智慧型手機市場的初期領導者，但是最後卻是使用Google Android作業系統的設備主導這個市場。

Google在2007年11月做出一項特別重要的決定，協助市場往對自家作業系統有利的一邊傾斜。當時Google動員想透過「開放手機聯盟」，跟蘋果公司一較高下的手機製造商。網路業者和軟體開發商也加入這個聯盟，並同意推廣「開放標準」（即多家公司可以免費授權和使用的技術）。更重要的是，會員（即Android的持牌人）可以免費使用該軟體，只要他們同意不設計不相容的軟體版本。[19] Google想維持對Android作業系統的掌控，並確保手機製造商和軟體開發商繼續使用Google的服務，像是Google用來銷售廣告的搜尋、瀏覽器和地圖定位技術。只不過，一些不相容的Android版本還是出現了。但整體來說，Google的策略之所以奏效，是因為蘋果公司沒有免費或開價授權軟體開發商使用其技術，而Android提供一種引人注目的替代方案（免費、夠好又可改進），因而蘋果公司無法保住推出iPhone後，在智慧型手機市場短暫維持的大部分市場占有率。儘管如此，蘋果公司的高度差異化產品和應用程式開發人員持續發展的生態系統，還是讓蘋果公司能繼續獲得高端客戶的愛戴。幾位分析師甚至估計在2015年到2017年，蘋果公司的市場占有率不到18%，卻賺進手機業90%以上的利潤。[20]蘋果公司讓iPhone成為具差異化的產品和平台，這種能力讓該公司得以收取高價（儘管日後情況可能會改變），並阻止Google攻占80%以上的智慧型手機市場。

另一個有啟發性的例子是自由工作者市場，該市場在2018年由Upwork主導，Upwork是由Elance和oDesk合併而成的經典交易平台。跟許多交易平台類似，Upwork經歷強大的跨邊網路效應：加入這個平台的自由工作者愈多，使用Upwork的公司就能實現愈高價值；尋找自由工作者的公司愈多，世界各地找工作機會的自由工作者，就會認為Upwork更有價值。的確，到2018年年初，Upwork宣布該平台累計完成40億美元的工作，其年度總服務量的運轉率已達到15億美元。[21] Upwork指出，「財星全美五百大企業」（Fortune 500）中，有28%的企業在2017年於該平台刊登職缺，Upwork的平台擁有五百萬家企業客戶和一千二百萬名自由工作者。

不過，執行長卡斯里爾總結Upwork面臨的挑戰，他估計「在我們這個領域中，至少有五百個競爭對手，其中大多數專注於小眾市場」。[22]儘管網路效應的強大力量以及Upwork強大的品牌和持續壯大的平台，但利基公司卻透過專注於特定產業、特定工作類型和特定地理位置（本地和全球）而蓬勃發展。Upwork的橫向設計平台正與擁有更多本地專業知識，並可吸引企業客戶和專業自由工作者的垂直專業平台競爭。儘管營運二十多年並擁有強勁的成長，但市場持續分散還是阻止Upwork獲利。當該公司於2018年年底提交申請上市登記表（S-1）時，仍然沒有實現年度獲利，[23]但儘管如此，Upwork於2018年10月3日上市時，首日股價還飆漲40%。

進入障礙

所有公司都希望限制新競爭者進入所屬市場。通常如果轉換成本較低且進入容易，那麼這種市場不太可能讓市場參與者獲利可觀。進入障礙較低會鼓勵更多競爭，這種情況往往會導致所有市場參與者的價格降低且利潤下降。在平台世界中，大多數公司會策略性地將重點放在市場的需求面：如何吸引更多用戶（客戶）。但當傳統進入門檻較低時，即使公司因為強大的網路效應受到保護，新進入者仍然可以進入供應方的業務並讓用戶群分散，進而阻止市場往某個大贏家那邊傾斜。

許多平台事業面臨的獨特難題是，由於數位技術的進步，進入市場的初始成本可能非常低，我們接著會詳細討論這個難題。在精實創業的世界裡，開發、生產和分配新產品或服務，甚至新平台所需的資金，僅是十年或二十年前成本的一小部分。在零工經濟中，開創新的交易平台特別容易，比方說，雜工服務（如Handy或TaskRabbit）之類的平台。在第四章中，我們會討論二十九家公司如何進入隨選服務，儘管後來存活下來的公司寥寥無幾。同樣地，有數十家公司進入線上社群、入口網站和企業對企業（B2B）市集等市場，主要是因為進入成本相對較低。

在進入障礙很高的市場中，我們看到一種不同的模式：產業集中度較高，市場向一家或少數幾家公司傾斜的機率也較高。在資本密集型企業中，如開發新的雲端服務和相關創新平台，主導企業相對較少（譬如主要是亞馬遜、微軟和Google，其次是IBM和阿里巴巴）。同樣地，對於共乘這類補貼密集型業務（如Uber），成本可能非常高。此外，當高通公司這類公司能夠透過專利、獨特的技術知識、政府法規以及其他進入障礙，保護本身的市場地位時，市場就更有可能往單一平台傾斜。

平台市場也存在獨特的進入障礙，這種情況在傳統企業界相當少見。首先，**網路效應**以特定平台現有互補數量的形式**創造障礙**。當平台上有數百萬個僅在Android、iOS、Windows、Amazon Web Services、臉書或微信上執行的應用程式時，就會增加切換到新平台或競爭平台的障礙。其次，密切相關的是，新進入者往往面臨這項挑戰：**複製平台生態系統的不易**。成功的平台公司已經建立龐大的互補業者軍團，例如成千上萬已經加入Android、iPhone、臉書或微信開發者網路的軟體開發者，或是已經在Airbnb、Uber、Lyft和滴滴出行註冊的數百萬有房可出租或有車可開的用戶。隨著互補程式數量的增加，對於一家新公司而言，後期進入並為平台供應方建立具競爭力的生態系統，已經變得愈來愈難。再者，**網路本身會產生複雜的轉換成本**。當平台的價值取決於直接連接的互補產品（服務）和用戶的數量時，轉換將非常困難或昂貴。舉例來說，如果人們想停止使用LinkedIn，轉向另一個新的專業網路，就必須說服他們的專業聯絡人一起轉換，否則新平台就沒有什麼價值可言。

數位技術：對平台市場驅動因素的影響

總結一下：在任何特定時間點，在平台中，贏家通吃或贏家拿到最多好處的可能性，取決於網路效應的強度、多歸屬的難度、差異化競爭對手和利基競爭機會的多寡，以及進入障礙的強度。但是與此同時，我們生活在一個數位技術正迅速改變市場動態的世界裡，摩爾定律（Moore’s law）推動最根本的市場變革，從1960年代到最近幾年，每十八到二十四個月，電腦處理能力就加倍。個人電腦在1970年代末期和1980年代出現後，新一代的運算平台出現，供基本軟體和應用程式使用。由於數位商品的邊際成本趨近於零，因此平台事業的經濟結構將徹底改變。在1990年代中期以後，當全球資訊網（World Wide Web）成為大眾市場現象，管理者和企業家首度有機會打造真正無所不在的全球平台。隨著新平台的出現，新的機會也隨之出現，讓平台可以創新並以不同形式發揮經濟、社會和政治的力量。現在，我們將其中許多部分跟數位技術劃上等號。

在過去十年內，行動技術和雲端技術、人工智慧和機器學習，以及大數據的結合，加速數位平台的傳播與完善，技術的進步也將以前幾個獨立的市場聚集在一起，至少從1990年代中期開始，這種「數位匯流」（digital convergence）就一直進行中。[24]這有助於解釋為何單一公司——蘋果公司，在業績下滑前，在2018年8月市值還超過1兆美元。在過去十年中，占蘋果公司銷售額60%到70%或更多的智慧型手機，其實就是電話、電腦、數位媒體播放器、數位相機、數位錄影機、個人數位助理、電玩遊戲機和手持電視等設備的結合，蘋果公司的市值反映出**所有**這類市場中，產品和服務的整合，包括其數位內容商店（iTunes）和交易平台（App Store）的收入和利潤都迅速成長。精通數位技術和混合平台策略也有助於說明，為什麼蘋果公司、亞馬遜、Google、微軟、臉書、阿里巴巴和騰訊是世界上最有價值的公司之一。

通常，數位技術可以幫助或有損現有的平台領導者，也可以幫助或有損新的平台進入者，因此數位技術對平台事業的影響錯綜複雜，必須個別探討技術創新如何影響平台市場動態的四個基本驅動因素。

對網路效應的影響

首先想到的是數位技術應該會加強網路效應。實際上，如果將當今世上網路效應的潛力，與數位時代前的情況進行比較，兩者的差異顯而易見，想想在美國修建鐵路或廣泛使用電話、工商電話簿，甚至信用卡，要花多久的時間。許多研究顯示，隨著科技日新月異已讓採用率加速提高，數位平台也不例外，數位技術還讓平台能比以往更迅速聯繫，並讓更多人和組織相互連結。

舉例來說，從2008年到2010年，可以使用臉書連上超過二百萬個網站，其中包括網路上前一千大網站中的90%，後來，這個數字每天增加約一萬個網站。更重要的是，每月約有三分之一的臉書用戶透過第三方網站，與社群網路進行互動，[25]早在2012年，已有約九百萬個應用程式和網站在臉書上執行，或者說可以透過臉書造訪的應用程式或網站就超過九百萬個。[26]從那時候起，即使沒有直接在臉書平台上發生，但有愈來愈多網路活動跟臉書有關。

用於分析有關用戶行為大量數據的新軟體程式，可以進一步加強網路效應的力量。[27]但其中的原理是，隨著數位平台蒐集更多數據，然後應用機器學習和其他人工智慧演算法，該平台就會變得「更聰明」。比方說，平台可以設計更多目標式廣告或更好的搜尋結果，以及提出額外購買建議。此外，隨著用戶以內容或評分的形式貢獻個人數據（就像他們對Google、亞馬遜、eBay、臉書、推特、Instagram、Snapchat、微信、Expedia、TripAdvisor、Uber、Airbnb，以及其他許多平台所做的），這些數據和分析也有助於改善產品或服務。規模龐大且資本雄厚的平台會變得更龐大也更有錢，因為他們有更多的數據和更多的資金可投資於技術和行銷。這種由網路效應驅動的動態，當然是平台事業如此吸引管理者、企業家和投資人的原因之一。

聰明的公司還可以使用數位技術，加強全新領域中的網路效應。以Waze這家2008年成立、開發以色列道路導航應用程式（Google在2013年購買這支應用程式）的公司為例，[28]Waze用戶不僅**使用**數據，還持續不斷地即時**產生**數據。這支應用程式最初是用於分析驅動程式資訊的單邊平台，後來這個平台開始銷售廣告，然後開始向電視、廣播電台和城市交通管理單位，免費提供交通資訊，藉此提高品牌知名度並吸引更多用戶和廣告商。Waze甚至增加社群媒體要素，這樣在鄰近地區的註冊用戶可以在開車時彼此聯繫並分享資訊。此外，Google將Waze的資訊整合到Google Maps中，使其交通資訊更加準確，當用戶打開Waze應用程式開車時，應用程式自動產生跟用戶位置和速度有關的數據，而用戶則加註個人事故和其他讓車速減速的報告。Waze電腦取得並分析這些數據（最初是在地圖編輯志工的協助下），並針對交通繁忙或發生事故的情況提供替代路線建議。這項服務不斷改進，主要仰賴用戶對這項服務使用多少和貢獻多少（同樣地，來自蘋果公司、Google和其他公司那些類似Waze的導航應用程式，也經常會將駕駛引導到相同的替代路線，有時還會造成新的交通堵塞）。[29]

對多歸屬的影響

儘管數位技術已在整個領域創造更多機會增強網路效應，但這些相同的技術也可能**促使或減少多歸屬**。怎麼會這樣？這取決於公司如何規劃和執行本身的數位策略。尤其是對於現代交易平台來說，多歸屬的成本似乎微不足道，以往大多數用戶同時擁有Windows個人電腦和蘋果麥金塔電腦是昂貴又困難的事情，大多數用戶選擇一個平台，也只能使用該平台上可用的應用程式，如今許多應用程式都可以在兩種不同作業系統的個人電腦上使用，而且有更多應用程式是網路應用程式，可以從不同類型的設備和平台取用。比方說，在Google上進行搜尋、在Kayak上比較機票價格，或者在TripAdvisor或Expedia上尋求旅遊建議，都不需要花錢。你不必購買特定電腦或智慧型手機。如今，所有用戶需要的是可連上網路的設備。

在純數位化的世界中，我們希望消費者幾乎針對每項活動，都能以低成本或免費取得替代品，而且消費者當然會採取多歸屬。Google的管理高層這樣想是有依據的，理由是多歸屬很容易就可以動搖Google在網路搜尋的主導地位，因為競爭對手只是「一鍵之遙」。[30]如同我們先前在臉書的例子中所討論的那般，祖克柏也許是建構了世界上最大的社群網路，但就算臉書用戶進行大多數活動時，不想費心再採用另一個社群網路，但平常卻很容易在推特、LinkedIn、Snapchat、Pinterest和其他平台上殺時間。為了控制跟多歸屬相關的營收，促成祖克柏在2012年以10億美元（當時可是天價）收購Instagram，之後祖克柏用Instagram跟Snapchat較勁。[31]2014年，祖克柏以190億美元的高價，外加上30億美元的臉書股票，買下WhatsApp，這是針對即時通訊多歸屬的另一項防禦性舉動，也是一項攻擊性的舉動，目標是獲取更多用戶和潛在的新收入來源。[32]

同時，更明智地使用數據和先進的人工智慧工具，以便利用更優質的服務，有效阻止多歸屬。Waze和其他數位平台可以分析客戶行為，然後將平台功能細分到最低技術水準，範圍從用戶選單的設計到內容的顯示和建議。與電話或工商電話簿不同，複雜的數據分析工具和大數據的出現相結合，可以幫助數位平台對用戶的要求提出更有效的自動回應。在每次顧客使用平台系統進行溝通或購物搜尋時，能提供更切中目標的搜尋和廣告，以及更好的建議，甚至是更吸引人的價格。結果就是，某些數位平台利用本身技術專長和規模，提供如此引人注目的服務與價格，讓消費者往往不願為多歸屬而傷腦筋。幾乎有50%的美國線上購物者只在亞馬遜網站上購物，中國也出現類似的模式，許多線上購物者都在淘寶購物。搜尋網站的情況也一樣，用戶不必費心查看多個搜尋引擎，他們只是在Google或在中國的百度網站上，進行所有的搜尋作業。

數位技術不利於多歸屬，也不利於企業對企業（B2B）電子商務中的轉換。以往企業將應用程式堆疊，跟思愛普、Salesforce、Amazon Web Services或微軟的Azure這類平台，一併整合到本身的組織結構中，但採用競爭性平台往往導致成本增加，即使針對雲端數據和應用程式有新的可攜性標準，也不可避免。這跟企業在1960年代採用IBM大型主機，或在1990年代採用Windows個人電腦的動態類似，一旦組織致力於某種特定技術，通常會花費大量資源在該平台上，培訓員工並建構專門的應用程式和介面，或添加客製化功能。

對差異化和利基競爭的影響

坊間已有許多書籍與論述探討企業如何利用數位技術，讓自家產品和服務脫穎而出，或為利基客戶提供更優質的服務。企業要面臨的挑戰是，數位革命讓創造新利基變得更加容易，也讓競爭對手更容易複製。平台公司如何使用本身技術專長，將自己差異化或開拓市場，做法各有不同，在此舉出幾個例子，說明可能的情況。

Snapchat是一個知名實例，它是千禧世代普遍使用的通訊應用程式。Snapchat的共同創辦人埃文·斯皮格（Evan Spiegel）有一個簡單的構想：智慧型手機年輕用戶討厭訊息永遠存在，無論是被家長檢查手機，或者女友或男友看到以前的訊息，千禧世代都希望保有一些隱私。此外，千禧世代希望自己的聊天訊息可以說故事。使用數位技術解決這個問題，在技術上並不複雜，斯皮格利用允許訊息在指定時間後消失的功能，在百家爭鳴的通訊軟體界中，迅速打造一個新的通訊應用程式。正如斯皮格在2012年公司首度成立的部落格中寫道：「Snapchat並非要像以往柯達（Kodak）那樣，抓住永恆的瞬間。」[33]他想讓千禧世代避免因為臉書和其他社群媒體上個人訊息長久存在而感到壓力，結果跟臉書、推特和其他通訊平台相比，Snapchat具有高度差異化，用戶數也激增。到2018年，每天約有一億九千萬活躍用戶。

至於數位技術促進利基競爭，我們只要查看各種專門的線上購物網站，就能了解數位技術如何阻止巨型線上商店和市集，在亞馬遜（全球）、阿里巴巴（中國）和樂天（日本）取得100%的網購業務，即使在所屬國亦然。在美國，沃爾瑪、目標百貨（Target）和其他所有主要零售業者都建構自己的線上網站，並進行收購以便與亞馬遜競爭（詳見第五章）。此外，亞馬遜還必須跟愈來愈多利基市場和數位商店競爭，[34]舉例來說，Star 360（starthreesixty.com）銷售男女鞋品，幾乎囊括各個主要品牌；Koovs（koovs.com）、Lifestyle（lifestylestores.com）和PrettyLittleThing（prettylittlething.com）是代表主要品牌的線上時尚入口網站，每週提供大量折扣以及數十種時尚新商品；Bluemercury（bluemercury.com）專門從事美容產品；Neiman Marcus集團旗下的Horchow（horchow.com）專門銷售家具；Etsy（etsy.com）主導從服裝到手工藝品等各種製成品的市場；Winemonger（winemonger.com）銷售葡萄酒，用戶可以依照國家和類型搜尋葡萄酒。現在，專門零售平台和數位商店，多到不勝枚舉。

然而，數位技術在為差異化和利基競爭提供更多機會的同時，也同樣讓先進入市場的企業更容易被複製。祖克柏幾乎立即將Snapchat視為對臉書的潛在威脅，考慮到臉書的大小和規模，祖克柏試圖在Snapchat上市前以30億美元現金收購它。當斯皮格拒絕他時，祖克柏下令Instagram仿製Snapchat的大部分功能，將Instagram轉變成Snapchat的勁敵，[35]尤其在推出Instagram Stories後，Instagram超越Snapchat，擁有超過七億用戶。儘管Snapchat倖存下來（其市值大幅下跌，但在2018年底仍接近60億美元），但臉書的襲擊卻讓Snapchat損失慘重。到2018年年中，Snapchat的用戶群首度開始萎縮。[36]

市場新進入者和老字號企業都可以利用本身在數位技術方面的專業知識，快速複製利基策略並進行整合收購。當亞馬遜觀察到（譬如透過分析Amazon Marketplace上的交易數據）一個快速成長的新類別時，經常會複製競爭對手的線上平台或直接把競爭對手的平台買下來。[37]亞馬遜在購買時遵循這個策略，在2009年以12億美元收購線上鞋類零售商Zappos，在2014年以9.7億美元收購電玩遊戲暨串流媒體公司Twitch，在2017年以6.5億美元收購中東最大線上零售網站Souq。亞馬遜還將2017年以137億美元收購的全食超市（Whole Foods），與Amazon Fresh及其線上雜貨事業進行合併。同樣地，當eBay率先進行線上拍賣時，包括雅虎和亞馬遜在內的許多公司，都以新功能或有針對性的垂直市場進入線上拍賣市場。在非數位世界中，複製這些功能和垂直產業可能太昂貴或要耗費太多時間，導致企業失去競爭力，但eBay能夠快速複製最佳的新功能（如保險），並將新功能引進自己的垂直網站（如eBay Motors）。

對進入障礙的影響

數位技術，尤其是在加強或加速網路效應時，在許多產業既可能**降低進入障礙，也可能提高進入障礙**。怎麼會這樣？借助雲端運算和幾乎無處不在的網路連結，建立新的數位平台變得比以往更為容易。二十年前，企業必須建立自己的數據中心，並在運算能力上進行大量投資，才能展開數位業務，然而隨著雲端服務的出現，幾乎可以在一夜之間開始新的業務。建立針對大眾市場或特定區隔市場的新軟體公司或交易平台，並在Amazon Web Services、Azure或其他雲端服務平台上推出該公司或平台的成本已大幅降低。隨著愈來愈多企業建立在雲端上，更多消費者與消費者連結、更多企業與其他企業連結，以及更多企業與消費者聯繫，都變得更加容易。在數十億美元的獨角獸企業之中，特別是在零工經濟中競爭的獨角獸企業裡，新交易平台的數量不斷增加，這也有助於說明為什麼有這麼多新平台一直無法獲利。

同時，數位創新已實現新的規模經濟和範疇經濟，或者以某些在數位時代前無法想像的方式，讓某些企業得以進入市場，並增加某些市場的進入障礙。以亞馬遜為例，傑夫·貝佐斯（Jeff Bezos）於1994年創立這家公司，從一家銷售書籍的線上商店，擴展到幾乎銷售所有商品的線上商店，從電子產品到雜貨，其中某些商品還提供當日配送服務。[38]即使在創業初期，亞馬遜就使用數位技術促進線上商店的銷售，建立推薦引擎並蒐集用戶評價，根據一項估計，亞馬遜目前的銷售額中，有40%來自其推薦引擎。[39]然後，在1990年代後期，貝佐斯添加全球Amazon Marketplace（我們稱為交易平台），連結買家和第三方賣家。亞馬遜將其商城與本身線上商店和其他完整的服務（如計費和運輸）結合在一起，此外亞馬遜還擁有龐大的實體倉庫網路。跟亞馬遜競爭已經成為規模之戰，即使是全球營收第一大企業沃爾瑪，也都在努力奮戰中。

但是利用數位技術將市場「平台化」，未必會改變事業的基本面，或讓常識和該領域的知識過時。比方說，只建構一個數位平台，就能透過線上訂購的方式，進入雜貨業，並不能讓雜貨像銷售數位商品一樣有利可圖，也不會讓對如何處理易腐敗商品的理解變得不重要。像亞馬遜這樣的線上供應商仍必須在現實世界中提供雜貨，並了解不同供應鏈如何運作。如果對亞馬遜來說，雜貨將成為有利可圖的線上事業，那可能是因為該公司可以用獨特的方式，連結不同的事業和資產，並實現其他公司無法實現的規模經濟和範疇經濟。也許祕訣其實是，亞馬遜為補強本身數位平台而投資的倉庫和送貨工具的實體網路。[40]

中國領先的平台公司還利用本身數位專業知識，以及對本地市場和機構的知識，使得亞馬遜這樣的全球平台難以在中國進行競爭。阿里巴巴和騰訊從「輕資產」平台商業模式開始做起：兩家公司的初期運作純粹數位化，對資本的要求不高。跟美國的亞馬遜類似，儘管規模較小，但阿里巴巴和騰訊已將中國的電子商務變成規模遊戲。在2018年，淘寶市場控制中國約60%的企業對消費者（B2C）電子商務。阿里巴巴還利用本身的規模和技術資源進入雲端運算、支付服務和其他相關業務，讓亞馬遜或沃爾瑪在中國市場與阿里巴巴進行有效競爭，變得非常昂貴。透過微信主導中國即時通訊市場和社群媒體的騰訊，也是如此。騰訊利用本身的規模、客戶基礎和數位技能，增加社群媒體應用，並擴展到線上支付、小企業信貸和投資服務、數位娛樂、電玩遊戲等領域。

管理者和企業家該熟記的重點

在本章中，我們討論平台市場的基本驅動因素，以及贏家通吃或贏家拿到最多好處的動態。最重要的因素是，用戶跟不同市場參與者之間的網路效應，譬如終端用戶與廣告商之間，或終端用戶與互補創新的生產者之間的網路效應。但我們也指出，來自差異化競爭者或利基競爭者的多歸屬和競爭，如何減弱網路效應和獲利機會。另外，較低的進入障礙也會導致競爭者數量增加，並減弱網路效應和獲利能力。那麼談到了解平台市場的驅動因素和動態時，管理者和企業家該熟記什麼重點？

首先，重要的是要了解網路效應的真正含義、網路效應從何而來、對競爭優勢有何影響。我們將網路效應定義為自我強化的回饋循環，最終直接或間接地創造平台價值。平台面臨的最大事業挑戰是，培養網路效應，然後將網路效應創造的動能和價值，轉化為穩定成長的盈收和利潤。更具體地說，同邊網路效應直接來自將用戶與其他用戶連結，跨邊網路效應來自於將不同的市場參與者與用戶聯繫起來，平台則透過促進這些聯繫和相關的創新來賺錢。在這兩種情況下，**網路效應並非抽象空泛的**。網路效應來自特定的策略決定和投資，以及避免採取會抑制網路效應的行動，例如市場「錯誤一邊」的定價過高。想像一下，如果臉書向用戶收取造訪社群網路的費用，像實體世界社交俱樂部的做法一樣，會發生什麼事？如果臉書這樣做，今天可能只是規模很小的小眾事業，或可能早就徹底失敗。管理者和企業家也必須體認到，隨著技術和市場動態的變化，網路效應可能減弱或瓦解，有時在出現這種變化前，只有很小的警訊。蘋果公司在2007年推出對市場極具破壞性的iPhone時，就發生這樣的情況，其結果就是摧毀了Palm、諾基亞、黑莓公司、微軟和其他公司的新興智慧型手機業務。

其次，世界上最有價值的上市公司都是在個人電腦、網路和智慧型手機出現後誕生的平台事業，這個現象絕非偶然。但在本章我們還看到，**實現和維持平台優勢不僅只是需要網路效應**。成功的平台找到鼓勵用戶和第三方互補產品或服務的業者採用其平台，並在平台上進行創新的方法；成功的平台讓用戶和互補產品或服務的業者難以使用或轉換到競爭平台；成功的平台可能採取其他措施，如建立聯盟或使用補貼，以便在多個平台競爭時，讓市場往自家平台傾斜。但請記住，我們從蘋果公司那裡學到，只要平台專注於讓本身最獲利可觀的客戶，就不必從產業中獲得大部分營收，即可獲得產業裡的大多數利潤。

再者，**平台**藉由連接不同的市場參與者並利用網路效應來**實現「輕資產」商業模式**。正如我們將在第三章中討論的那樣，創新平台可以促進，然後利用第三方公司建構的新產品和服務，不斷讓核心產品或服務（平台）變得更有價值。交易平台可以促進，然後利用市場參與者之間原本不會發生的互動，讓市場的一邊為連結另一邊或提供關鍵資產付費。想想看，如果微軟、蘋果公司、Google、臉書或微信試圖雇用所有為其創新平台建構數百萬個應用程式的工程師，那將是多麼困難和昂貴。想想看，如果Airbnb試圖購買其用戶造訪過的所有房屋和公寓，或者Uber、Lyft或滴滴出行試圖購買其司機使用的所有車輛，成本就太昂貴了吧。

簡單講，我們從研究市場基本面中學到，平台事業必須在多個面向競爭。在這些面向中，某些面向（譬如降低其他公司利用差異化或利基市場的能力，以及建立進入障礙）與傳統市場中的競爭相同，其他面向（譬如產生網路效應或限制多歸屬）就是平台事業所特有的。但到頭來，平台公司必須提供引人注目的產品或服務，而該產品或服務必須比競爭對手提供的更為優異，不管競爭對手是數位公司，還是傳統企業。成功的平台公司必須能夠保護本身的競爭優勢，才能在需求端留住客戶，並在供應端吸引工作者和資產提供者，如果跟競爭對手相比，平台無法把這些事情做得更好，就會跟其他企業一樣蒙受損失。

在下一章中，我們將更深入探討創新平台與交易平台之間的差異，以及混合策略的優勢。

第三章

策略與商業模式

創新平台、交易平台或混合平台

建立平台的四個步驟

1. 選擇構成平台的市場邊
2. 啟動：解決「雞生蛋或蛋生雞」這個問題
3. 設計平台的商業模式
4. 建立和執行生態系統的規則

混合平台：結合交易平台與創新平台

管理者和企業家該熟記的重點

馬雲於2003年在中國創辦阿里巴巴的淘寶網時，要解決一個簡單的問題：他必須撮合買家與賣家，並弄清楚如何從中獲利。其實，馬雲可以複製eBay的國際成功策略，讓賣家付費給eBay，但他沒有這麼做，他決定建立一個交易平台，讓買賣雙方都無須為完成交易而支付費用。儘管這種策略會隨著時間逐漸改變，但早期淘寶的活躍賣家可以選擇付費，獲取在該網站內部搜尋引擎上較前面的排名，為阿里巴巴創造廣告收入。

現在，我們將馬雲的問題跟Google為Android建立生態系統的挑戰做比較。Google在2008年推出Android作業系統時，當時智慧型手機市場由諾基亞、蘋果和黑莓公司主導。Google必須鼓勵軟體開發人員為其作業系統設計新遊戲、應用程式和內容，而且這個作業系統跟競爭對手的作業系統並不相容。Google必須說服應用程式開發人員，這項冒險投資是值得的。因此Google藉由免費提供作業系統、授權開放原始碼版本，以及提供軟體工具讓外部開發人員能更輕鬆地開發新應用程式，協助Google更順利推動這項決策。

Google和阿里巴巴這兩家公司都必須啟動本身的平台，但是如何啟動平台和吸引哪些對象，這些細節需要不同的決定、策略和行動。會有這些差異存在，是因為所有平台都不相同，並非都以同樣的方式創造價值或運作，為了選擇正確的平台策略和商業模式，管理者和企業家應該從他們設想的價值主張著手。如果價值主要來自促使第三方設計自己的產品或服務，以利用和增強平台的功能，那就應該開發**創新平台**。如果價值主要來自允許市場不同邊進行互動，那就應該開發**交易平台**。成功的平台公司還具有自然發展和擴大規模的趨勢，通常會導致平台事業採用**混合策略**。比方說，以創新平台起家並營運成功的公司，往往會增加交易方，或單獨建立一個交易平台（通常是市集平台）；以交易平台起家並營運成功的公司，往往會增加創新功能或單獨建立一個創新平台；混合平台公司在某種程度上也不同，他們的運作方式很像數位集團，可能將兩種不同類型的平台加以整合，或是由其各自獨立運作。

在本章中，我們討論建構創新平台或交易平台所需的四個策略步驟。每種平台類型要遵循的步驟都一樣，但我們會解釋各自在執行上和商業模式上有何不同。我們還會解釋混合策略的不同類型，以及為何混合平台成為最強大也最有價值的平台商業模式。

建立平台的四個步驟

所有公司嘗試建立和維持成功的平台事業時，都必須遵循相同的四個步驟，圖3-1概述了這些步驟。

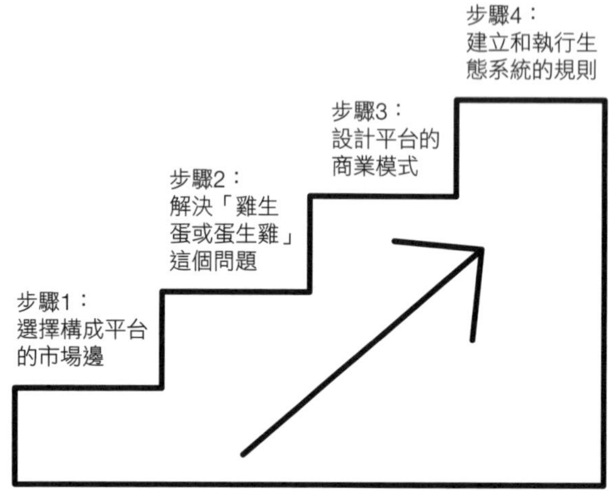

圖3-1：建立平台事業的四個步驟

第一個步驟是確定平台所需的各個市場邊，以及如何透過這些市場邊來創造價值：不同參與者（買方、賣方或提供互補產品與服務的業者）所扮演的角色，以及實際上由誰來扮演這些角色。第二個步驟是啟動平台，平台需要解決「雞生蛋或蛋生雞」的問題，意即如何讓平台開始運作，然後如何吸引愈來愈多用戶或提供互補產品或服務的業者，以產生強大的網路效應。第三個步驟是設計一種不會減弱這些網路效應，卻可從中獲利的商業模式。平台公司要面對的貨幣化挑戰包括：確定現金流和利潤來自何處，以及選擇哪一邊（如果有的話）因為補貼而獲益最多。第四個步驟則是建立和執行生態系統的行為規則，換句話說，管理者和企業家必須決定，鼓勵或勸阻平台參與者在平台上採取哪些行為，以及如何執行這些規則。[1]我們將在第六章，針對平台和生態系統治理進行更多討論。

1. 選擇構成平台的市場邊

選擇誰該和誰不該參與平台，在策略上是至關重要的一項決定。儘管事後回顧好像都能明顯看出怎麼選擇才對，但選擇為市場的哪些邊服務，其實需要創意思考。有些公司過於野心勃勃，想在發展初期連結市場的太多邊，結果往往讓平台太過複雜，無法擴大規模。企業家傑洛米・阿萊爾（Jeremy Allaire）於2004年創立的Brightcove媒體平台，就是其中一個例子。Brightcove最初有四個邊（內容供應商、廣告商、消費者和聯盟業者），後來事實證明對許多市場參與者來說，這個包羅萬象的平台很快就行不通。其他常見的錯誤，包括無法找出哪一個市場邊會吸引其他市場邊、對更具有吸引力的市場邊做出錯誤定價，以及太晚進入市場。我們將在第四章討論造成平台失敗的上述這些原因和其他原因。

創新平台

像微軟Windows、Google Android、蘋果iOS和亞馬遜Amazon Web Services之類的創新平台，提供技術建構組件，讓

第三方創新者可以使用這些技術建構組件，開發新的互補產品或服務。建構組件通常包括有助於創建互補產品或服務的工具和連結器，譬如用於電腦和智慧型手機的軟體應用程式。創新平台至少有一邊是由提供互補產品或服務的業者組成，而另一邊則是由終端用戶組成。

創新平台的成功關鍵在於：找出提供互補產品或服務的業者，藉由增加平台重要價值的新產品和服務，刺激對平台的需求。當然，我們未必總能事先知道哪些公司或個人將創造這些創新。創新平台（尤其是數位平台）通常試圖透過廣泛展現本身應用程式介面（application programming interface，簡稱 API）來解決這個問題（這表示平台公司釋放資訊並允許取用平台內部指令集和通訊協議）。平台公司也積極鼓勵第三方設計互補產品或服務，譬如透過發送免費軟體開發工具包和組織開發者論壇，或設立育成中心和創投基金來補貼互補創新的新開發者。有時平台公司會自己建立一些互補產品或服務，尤其在平台成立初期，提供互補產品或服務，有助於刺激對該平台最新版本的需求。

即使提供互補產品或服務的第三方業者數量夠多，也對平台興趣濃厚，但平台運作還是存在著難題。第三方業者通常需要平台公司在技術和財務等方面提供支援，對於某些平台來說，尤其是新平台，準確找出應該支持哪些第三方業者，就是一項重大挑戰。比方說，由傑夫・霍金斯（Jeff Hawkins）和杜賓斯基於2005年建立的人工智慧平台Numenta，經過十年的努力，試圖找出誰是最有發展潛力的互補業者，但儘管經過大量詢問，該平台卻還不清楚哪些應用程式可能會成為「殺手級應用程式」（killer app），以及誰會設計出這種應用程式。[2] Numenta將其技術授權給某些組織和開源軟體社群，但是這個平台的規模仍然很小，活躍的互補業者很少，且目前大約只有二十幾名員工。[3]

交易平台

交易平台，如Amazon Marketplace、Google Search、臉書、阿里巴巴的淘寶、Uber、Lyft和Airbnb等，都是線上交易平台，可以交換商品、服務和資訊。這些平台不僅可以幫助人們或組織取用像汽車或房間等資產，還可以透過社群媒體建立聯繫並吸引廣告客戶。正如我們的同事伊凡斯和史馬蘭奇強調的那樣，這些平台都是「媒合者」。[4]

對於大多數交易平台而言，選擇市場邊一直都是顯而易見的事。以eBay、Amazon Marketplace和Etsy來說，市場邊只是由實質商品的買賣雙方組成；對於Upwork（前身為Elance-oDesk）來說，市場邊則由自由工作者的買賣雙方組成；至於對Airbnb而言，市場邊包括提供房間出租的個人和想租用房間的人。

雖然大多數交易平台僅從市場雙邊開始運作，但隨著時間演變往往會增加其他邊。在策略上要考慮的重要問題是，要增加多少市場邊，以及何時增加這些邊。在面對事實時，這些問題的答案或許沒有那麼明顯，舉例來說，我們大多數人都理所當然地認為廣告客戶會補貼網路搜尋，但事實未必總是如此。Inktomi和AltaVista是第一代搜尋引擎，他們不依賴廣告客戶，也沒有利用搜尋獲利，所以這些搜尋引擎都是失敗的事業。Google起初並沒有什麼不同：免費提供搜尋結果，並沒有產生收入。雖然Google開發了一項出色的搜尋技術，但管理團隊的關鍵決定是透過巧妙吸引廣告客戶加入，將其搜尋引擎轉變為交易平台。找出適當的市場邊，以及如何吸引各個市場邊，就是Google財務成功的關鍵。

Google將網路搜尋者定位為市場的一邊，將廣告客戶定位為市場的另一邊。對搜尋功能的使用者來說，Google超優質的PageRank演算法〔譯注：是一種計算網頁名次排行的演算法，由Google的創辦人賴利・佩吉（Larry Page）和謝爾蓋・布林（Sergey Brin）在史丹佛大學（Stanford University）就讀博士班時所研發，是Google搜尋引擎用來決定網頁重要性，據此將最相關且可靠度高的網頁呈現在搜尋結果頂端的核心技術〕提供極有價值的服務，它具有巧妙的設計，可以搜尋網路並利用設計進行反向連結，將網頁互相連結。但是Google可以選擇不具有兩個市場邊，而是透過向用戶收取固定的訂閱費或每次搜尋使用費，直接透過搜尋獲利，如果當初Google這樣做，搜尋就會成為一種完全不同的事業（可能比現在的規模更小，利潤更低）。透過將廣告客戶增加到市場的另一邊，Google Search成為全球大眾市場交易平台。藉由允許廣告客戶將其廣告突顯在搜尋結果旁邊的螢幕上，Google為廣告客戶創造顯著的價值。Google還聰明地使用關鍵字廣告（AdWords）技術，列出跟搜尋內容最相關的廣告。

像臉書、推特、LinkedIn、Snapchat、Instagram和Tinder這類社群網站，則提供另一組說明實例。跟Google Search一樣，我們將這些社群網站視為交易平台，因為他們促進用戶之間的資訊交換，如果沒有這些平台，用戶彼此根本很難連結。這些平台也會產生網路效應，並依賴網路效應。但社群網路究竟需要幾個市場邊呢？如果所有用戶都是相似的，那麼社群網路就是單邊平台，如果可以區分不同類別的用戶，那麼社群網路就是多邊平台。但對於每種類型的平台和應用程式來說，確定市場邊的標準各不相同。當個人使用Tinder平台尋找不同性別的對象時，就構成男性與女性的雙邊市場，然而對於正在尋找男性對象的男人，還是正在尋找女性對象的女人，Tinder更像一個單邊平台。有些社群網路（如約會網站eHarmony）會收取使用費，就像實體世界中的社交俱樂部或好市多（Costco）等買家俱樂部。這類平台可以銷售服務，如增強型郵件，LinkedIn就提供這類服務作為進階服務，或者這類平台可以像臉書和推特那樣吸引廣告客戶來補貼收入。其他交易平台，像是早期的eBay和WhatsApp（現由臉書收購）則選擇不增加廣告這個市場邊。

考慮增加市場邊時，時機非常重要。太早引進廣告客戶可能會損害用戶體驗，並降低用戶群的成長，因為用戶太少可能無法提供足夠的價值吸引廣告客戶。這就是為什麼臉書一開始沒有做廣告生意的原因，創辦人祖克格當時的首要任務是增加用戶數量。

有時候，公司會針對市場邊數的策略進行實驗並加以更動，比方說，LinkedIn在2007年設想增加「專家」這個市場邊，並計畫在2008年推出一項研究服務，其目的是向想跟特定領域專家聯絡的機構或個人收取費用。最後，由於有這方面興趣的機構和個人有限，LinkedIn只好放棄這項計畫。

2. 啟動：解決「雞生蛋或蛋生雞」這個問題

對於平台決策者來說，啟動平台並解決「雞生蛋或蛋生雞」這個問題，可能是最困難的挑戰。何時A邊的數量取決於B邊，而何時B邊的數量取決於A邊，該怎樣啟動平台運作？同樣地，創新平台和交易平台都必須以不同方式處理這個難題。策略選擇通常分為三類：(1)先為一邊創造獨立的價值；(2)補貼一邊或兩邊；(3)有時將兩邊同時加入。

創新平台

要為一邊（如用戶）創造獨立的價值，平台公司必須生產最初不需要第三方互補創新的強大產品或服務。第三方創新可能會讓產品更有價值，這是產品可以發展為創新平台的條件，但前提是，該產品有對的屬性。首先，在設計產品時就必須考慮到，讓外部公司得以連結的鉤子〔如軟體平台（software platforms）的應用程式介面〕。其次，在設計上還必須足夠模組化，好讓外部人士可以增加重要創新。再者，平台公司還必須透過低廉或免費的授權條款，以利使用產品的核心功能。

找出整個產業面臨的問題，是在尚無平台的市場中啟動創新平台的一種策略，然後以產品作為該問題的解決方案，或者至少作為解決方案的「核心」或必要環節。在先前的著作中，我們稱此策略為「核心策略」，[5]有幾個例子可以說明。1980年代期間，當時IBM試圖以與IBM相容的個人電腦作為專有產品並掌控這項平台技術，而微軟和英特爾為了解決如何製造與IBM相容的個人電腦這個問題，他們廣泛授權或出售核心要素，即MS-DOS作業系統（隨後是Windows）和x86微處理器。同樣地，在2000年代後期，Google向想要製造跟蘋果

iPhone功能類似的智慧型手機廠商，提供Android作業系統作為解決方案。ARM也設計出讓手機相對耗電量較少的微處理器，成為智慧型手機廠商優先考慮的技術。

至於有關產生網路效應的部分，創新平台的「雞生蛋或蛋生雞」問題可歸納為兩個問題：在即使缺乏互補應用程式的情況之下，平台業者如何吸引潛在客戶使用平台？如果不確定願意使用平台（和互補創新）的終端用戶數量，平台業者如何說服互補業者對平台特定創新進行投資？

「發動引擎並增加動力」這個通則適用於所有平台。互補業者如何與創新平台互動的獨特之處在於，互補業者不僅採用平台，還自己擔任**技術供應商**和**創新者**。面對採用創新平台並加入生態系統的決定時，互補業者必須信任他人的技術（平台），開發自己的新產品或服務，同時創新平台業者必須吸引互補業者**在平台上進行創新**，讓平台變得愈來愈有用，也愈來愈有價值。

創新平台可以透過開發或購買一些互補產品來解決這種「雞生蛋或蛋生雞」的問題。他們還可以提供免費或廉價的工具和技術協助，幫助加速第三方創新，比方說，蘋果公司推出iPhone和iPad時，就安裝好內部開發的一些應用程式，包括網頁瀏覽器（Safari）、郵件、照片、影片、iTunes、記事本、聯繫人和日曆。蘋果公司還從重要的外部內容供應商那裡獲得一些其他應用程式，譬如Google Maps和《紐約時報》，確保在初期就提供用戶一些互補產品。

賈伯斯透過在發表產品前保持機密，然後舉辦大型活動，試圖增加iPhone和iPad等新產品的最大曝光率。這種行銷策略不僅引起用戶（一個市場邊）的興趣，也引起內容供應商和應用程式開發人員（另一個市場邊）的興趣。

交易平台

對於大多數交易平台來說，「雞生蛋或蛋生雞」這個問題的解決方法應該比較簡單：平台業者如何確定有足夠買家吸引賣家？如何能在平台上提供足夠的賣家吸引買家？

當布萊恩・切斯基（Brian Chesky）和喬・傑比亞（Joe Gebbia）於2007年推出Airbnb時，他們決定平台應該先建立的一邊，是有地方可出租的屋主，換句話說，就是先建立供應方。他們面臨的第一個挑戰是，找出這些屋主，並召集夠多屋主吸引租屋者。切斯基和傑比亞想到一個高招，為了避免從零開始打拼，所以打算使用跟想要出租物業的業主有關的現成資訊。他們在哪裡可以找到這類資訊？許多屋主已經在熱門的線上分類廣告網站Craigslist刊登他們的房屋出租資訊，因此Airbnb創辦人開發一款軟體，這款軟體入侵Craigslist截取聯絡人資訊。[6]此外，他們還利用報紙廣告和其他公開貼文蒐集資訊。

確定平台第一邊的成員只是開始而已，接著Airbnb創辦人不得不鼓勵房東在新平台上發布他們的出租房源。Airbnb的價值主張很明確：儘管不需要房東進一步投資，但光是將他們的房源發布到Airbnb上（除了Craigslist以外），就會增加房東對潛在房客的**曝光率**。除了增加曝光率外，Airbnb還協助房東雇用專業攝影師，拍出跟飯店房源類似的優質照片，提高潛在房客見到的房源**品質**。這項決定不僅是與Craigslist類型的貼文或報紙廣告有所區別的要素，也讓房客更加認為自己能從Airbnb平台獲得價值。房客開始發現他們正獲得跟飯店不相上下的親切服務，而且通常能以較低的價格或在更便利的地點租屋。

Airbnb早期吸引會員的方式獨具匠心，為市場雙邊增加價值，但這種策略卻跟Airbnb的擴張方式大相逕庭。要讓Airbnb派攝影師到每個新會員的住所，這種做法並不容易擴大規模，在財務上也無法持續燒錢，而更重要的是，沒有必要繼續補貼專業攝影。透過最初對專業照片的補貼，Airbnb在網站上為房源照片的品質設定出很高的標準，這種做法很快成為新準則：房東將自己投資專業攝影，以跟其他房源做出區別。這樣的影響就是，Airbnb最初產生的成本是來自於在生態系統內部提高期望，但後來Airbnb只要利用房東之間的競爭，就能坐享漁翁之利。

我們可以跟Airbnb學到三個寶貴課題。首先，對許多交易平台來說，可能無須從零開始做起，平台反而應該嘗試利用現有的團體和資訊，譬如透過匯總和分析可公開取得的數據。其次，一旦平台確定自己的不同邊，就可以提供有助於吸引會員加入平台的服務。再者，平台可能打破一般人對新事業的刻板印象，也就是「依照初始做法努力前進」。啟動階段可以從初始行動受益，即使這些行動在財務上無法持續進行，就現實面也無法擴大規模。簡單講，如果平台可以啟動自給自足的回饋循環，那麼即便平台的初始做法無法長期維持下去也沒關係。

為了啟動交易平台，交易平台通常透過以下兩種方式的其中一種，解決本身「雞生蛋或蛋生雞」這個問題：(1)挑選一邊並進行建構，然後一旦這一邊數量足夠，就帶進另一邊；(2)以漸進方式一點一點地同時帶入平台這兩個邊。[7]

挑選一邊並進行建構，這樣做很有效，因為一旦平台的一邊有足夠的數量，就會吸引另一邊。實際上，許多平台都在補貼一邊，好讓整個平台開始運作，Yellow Pages、eBay、Etsy、Amazon Marketplace、淘寶、臉書、推特和Airbnb都在其平台的一邊進行補貼，讓平台獲得啟動的動力。補貼的形式通常是，對用戶不收取任何費用。這種策略的一種版本包括平台補貼活動，這些活動可以幫助成員對另一邊更具吸引力，就像Airbnb最初派專業攝影師為屋主拍照所做的那樣。

另一種策略是為平台的一邊提供獨立的價值，就像我們討論創新平台時提到的核心策略。如果平台可以讓服務對一邊的成員具有價值，甚至不可或缺，不管另一邊的用戶數量多寡，那麼啟動平台運作就容易得多，餐廳訂位平台OpenTable（2014年被Priceline以26億美元的價格收購）在簽署第一家餐廳時，就是這樣做。該平台提供一個非常實用的電腦表格管理系統，而且每月只收取微薄的技術費用，一旦餐廳開始採用解決其餐桌管理問題的方案，就更容易吸引他們成為餐廳訂位平台的用戶。

如果平台第一邊的成員發現，彼此交流或互動具有價值，就像在電話和社群網路上所做的那樣，那麼經營一個單邊平台並加以發展（在將另一邊引進平台前）也可以獲致成功。一旦第一邊變得夠大，就可以吸引其他邊，臉書就這樣做，臉書原本在哈佛學生社群內部啟動這個社群網站，作為單邊平台，然後逐漸擴展到其他大學，再擴展到十三歲以上想加入此平台的人士。等到用戶數量龐大（數以百萬計）時，臉書才專注於引進廣告客戶、應用程式開發人員和數位內容合作夥伴等其他邊。這種雙步驟策略首先結合直接網路效應的力量，有助於開發和擴展網路的單邊，然後在後續階段中，當平台的其他邊更可能產生跨邊網路效應時，就將其他邊也加入平台。

當平台試圖同時實現雙邊利益時，通常必須同時補貼雙邊，但是同時補貼雙邊是一種既花錢又冒險的策略，唯有以下這三個條件同時存在時，這樣做才最有意義：(1)平台業者資金雄厚；(2)平台擁有贏家通吃或贏家拿到最多好處的機會；(3)一旦所有或大多數競爭對手退出，有障礙阻止新競爭對手進入，並阻止客戶轉換或進行多歸屬。

但是，這種方法還要解決兩個問題。首先，如同我們在第二章的討論，贏家通吃或拿到最多好處，這種情況寥寥無幾。其次，平台業者堅信即使價格最終上漲，用戶和生態系統合作夥伴仍會希望參與該平台，比方說，WhatsApp提供一項免費服務，實際上是補貼所有用戶，而WhatsApp的母公司臉書希望一旦達到十億用戶，便可以向其客戶收取每年1美元的費用。但儘管費用相當低廉，WhatsApp很快發現，即使1美元也可能導致客戶改用其他即時通訊軟體，這讓臉書最後放棄這項計畫。[8]

3. 設計平台的商業模式

大量補貼一邊或兩邊的啟動策略還有另一個問題，這樣做不僅耗資不斐，而且某些平台會陷入「無限啟動循環」。平台業者不斷消耗資金，為了讓平台多邊廣泛採用，就資助參與者長達多年的時間，Uber顯然是這種方法的典範。Uber的管理階層和投資者似乎都希望能獲得「贏家通吃」的結果，讓競爭對手最後因為價格競爭和財務損失而退出。Uber管理階層似乎還認為，大量的司機和車輛將為相關的多元化經營提供新商機（譬如Uber Eats這種美食外送服務），最終轉變為既穩定又可觀的收入和利潤。

對於Uber來說，這種樂觀的情況很可能發生，畢竟Uber為消費者帶來龐大的價值主張：在世界各主要城市和市區，一般計程車供不應求，而且相對昂貴。Uber的超低價格和便捷方式，可以透過智慧型手機應用程式，將乘客的需求跟司機的需求做媒合，讓共乘服務出現爆炸性的成長。但是就算平台有足夠資金來克服「雞生蛋或蛋生雞」這個問題，也無法保證該事業產生的收入得以超過支出，尤其是員工流動率高（「承攬人員」的弊病）的公司，加上平台業務擴展到新的地理區域或新事業，對其中有些地區或事業並沒有清楚了解，而產生多次啟動成本。結果就是，就算能夠清楚找出市場邊，也具有非常強大的直接和間接網路效應，平台公司仍然很難確認有利可圖的商業模式。2018年，WhatsApp擁有喜歡該公司服務的十五億活躍用戶，但WhatsApp卻還沒賺到一毛錢。所有平台事業都需要找到一種方法，至少從市場其中一邊獲取可觀的價值，並最終將這種價值（受網路效應的推動）轉化為可增加的收益，而實現盈利的運作。

創新平台

最成功的創新平台形式可以藉由以下兩種方式的其中一種產生利潤：(1)創新平台增加客戶付費購買產品的意願。平台本身可以增加新功能並鼓勵第三方業者設計互補產品和服務，加強平台的價值；(2)創新平台透過平台銷售的每個互補產品或服務，從中獲取價值，包括平台自己設計的互補產品。在個人電腦界中，微軟讓開發人員可以輕鬆免費地編寫新的應用程式，而DOS和Windows的價格也隨之上漲。微軟還建構Office和能與Windows相輔相成的其他任何軟體應用程式，並確保對新一代作業系統的需求。在電玩遊戲界，索尼為PlayStation銷售的每款遊戲收取授權費。至於智慧型手機和平板電腦，Google放棄透過收取Android作業系統的費用而獲利，因為該公司根據（正確的）理論認為可以透過行動搜尋獲利。

每個創新平台的目標都是擴大規模：大多數數位平台都有相當高的固定成本（持續研發設計新功能的需求），以及較低或零變動成本（透過現有網路分發軟體或數據）。關鍵是吸引足夠的互補業者發展生態系統，並協助增加用戶數量，吸引更多互補業者，然後再吸引用戶，如此重複運作。對於軟體平台而言，這種動態變化其實可以讓平台大規模「印鈔」。比方說，微軟斥資10億美元開發Windows XP，但在第一年就以單價60美元的價格銷售數量高達二億五千萬套的Windows XP作業系統。微軟在三週內就達到收支平衡，後來就開始靠這個作業系統印鈔票，直到開始投資下一個作業系統。在蘋果公司的iOS和Google的Android進入市場後，諾基亞的Symbian等其他創新平台未能為自家平台吸引足夠的互補應用程式，這種情況導致市場占有率迅速流失（負面網路效應），事業規模無法擴大，最後以失敗收場（後來諾基亞將電話業務賣給微軟）。我們可以從諾基亞的例子學到，成功的創新平台必須繼續吸引新的互補創新，以達到規模並維持規模，並在功能上保持競爭力，以免被對手超越。

交易平台

所有交易平台都透過收取業務交易、廣告或服務的費用來產生收入，但是交易平台的商業模式是向誰收費、針對哪些項目收費、哪些服務是免費或受補貼，則因為不同交易平台而異。由於交易平台可能不直接銷售產品或服務，因此交易平台必須了解本身各個市場邊的付費意願，以及雙邊希望另一邊支付多少金額之間的差額。理論上，各邊的需求特性應該是商業模式的主要驅動力，但在實務中，管理者和企業家很難事先評估需求水準。我們不知道有什麼妙方可以回答一邊願意支付多少錢的問題，但我們可以提供一些原則，並透過實例進行說明。

交易平台往往為市場各邊提供價值，並最終透過五種方式產生利潤：(1)媒合；(2)減少交易中的摩擦；(3)互補服務；(4)輔助技術銷售；(5)廣告。我們會個別討論每種方法。

第一種方式是作為媒合者，交易平台協助用戶接觸到大量用戶，並找出合適的交易對象。這些用戶可能是線上交易平台（如Amazon Marketplace、Etsy、eBay，或阿里巴巴的淘寶和天貓）上商品或服務的買賣雙方，他們可能是想在社群網站中互相交換資訊或在付費平台上交換財務授權和身分驗證數據的用戶。交易平台提供的大部分價值來自於增加用戶量的大小，然後增加較佳媒合的可能性。

平台成員為了跟另一邊成員媒合，而準備支付多少金額，會因市場不同而異，這種差異說明不同平台的定價決策差異。Airbnb會向達成交易的房東和房客收取費用，但不會向只是刊登房源的房東或搜尋房源的房客收費。Tinder交友軟體於2013年以完全免費的形式啟動，但在2015年更改定價模式，採取免費增值模式〔freemium model，譯注：是一種應用於專有軟體（如軟體、多媒體、遊戲或Web服務等數位產品）的商業模式，它提供長時間的免費使用，但其中一些附加的特性、進階的功能或虛擬物品則需要付費〕。Upwork在2015年進行試驗並更改定價模式，給予經常使用該平台招募人才的公司較優惠的價格，希望藉此刺激用戶更頻繁地使用。[9]如同我們稍後會看到的討論，有些平台向雙邊收取費用，但至少在單邊提供一定程度的補貼。

到目前為止，Uber是最差勁的平台商業模式之一，儘管Uber在便捷性和低價格方面為用戶提供明顯的價值，但Uber在2017年的總收入為370億美元，虧損約45億美元，而且Uber的累計虧損超過110億美元。我們預計該公司將在2018年年底時蒙受巨額虧損（儘管虧損正在減少）。雖然2019年首次公開發行（IPO）將會帶來更多現金並幫助Uber擴大規模，但Uber必須克服一些成本驅動因素，才能轉虧為盈。

為了跟計程車和Lyft等其他公司競爭，Uber補貼搭乘成本，利用這種人為方式降低價格。Uber還支付司機每趟車資的固定費用，此外也必須提供其他財務誘因，以吸引並保持司機加入平台，包括幫助支付司機車輛費用。此外，Uber砸重金廣告以吸引新乘客。其中，最大的成本來自司機的流動，稱為「流失率」（churn rate），這個數字估計為每月12.5%或每年150%，這表示Uber平均必須每八個月更換所有司機。假設Uber在2018年擁有三百萬名司機，那麼每個月就需要找到三十七萬五千名新司機，**以取代現有車隊**，更不用說讓業務持續成長。招募每位司機要花的廣告和招募成本估計為650美元，單單2018年每月費用就可能超過2.4億美元，全年將近30億美元！而且Uber還有其他更多的支出。另一個主要的成本驅動因素是研發費用高昂，比方說，2017年的研發費用超過20億美元，這主要是用於開發自動駕駛汽車，這是為了降低司機龐大成本而下的大賭注，但在接下來幾年中不太可能產生太大影響。[10]

同時，Uber正在多元化提供相關運送服務，希望藉由提供美食外送（Uber Eats）和包裹快遞（UberRUSH），充分利用本身現有的司機和物流能力。這些活動在2018年仍處於虧損狀態，儘管最終可能比共乘更有利可圖，但共乘已成為價格競爭激烈的商品事業。[11] Uber還計畫進軍另一種運輸服務，將大公司滿載的拖車與中小型貨運公司的司機做媒合，以解決卡車司機短缺的問題。[12]

換句話說，Uber大量補貼本身市場的兩邊，並且存在潛在的致命缺陷，意即司機流失率很高，這是雇用承攬人員而非較穩定正式員工的不利條件，因此該公司為了維持現狀，不得不花費數十億美元作為創投資金和營運現金流量。現有市場和新市場的快速成長都需要額外的費用和投資。整體來說，Uber的成長主要歸功於慷慨的資本提供者〔主要是主權財富基金（sovereign wealth funds）和軟銀（Softbank）的願景基金（Vision Fund）〕。投資者似乎將賭注押在贏家通吃或贏家拿到最多好處的結果上，在這種情況下，Uber要比數位競爭者和傳統競爭者撐得更久，然而最後還是會提高價格或減少昂貴的補貼。

第二種方式是交易平台「減少交易過程中的摩擦」，促進平台參與者之間的互動。各種書籍和文章都介紹這個概念，包括伊凡斯、哈邱與史馬蘭奇合著的《看不見的引擎》（*Invisible Engines*，2006），伊凡斯和史馬蘭奇合著的《媒合者》（2016），以及帕克、范艾爾史泰恩和喬德利撰寫的《平台經濟模式：從啟動、獲利到成長的全方位攻略》（*Platform Revolution*，2016）。[13]這是一個有用的概念，我們經常看到交易平台在做像確保貨物或金錢安全交易之類的事情。許多交易平台還使用其他交易平台的付款服務，譬如Google Checkout或PayPal，或向賣方「第三方託管」（escrow）服務。其他減少摩擦或降低風險的服務包括身分驗證（驗證用戶身分）、保險，以及用於加密貨幣的服務，如比特幣（Bitcoin）、貨幣兌換和虛擬錢包。[14]

第三種方式是，交易平台通常透過提供互補服務為成員創造附加價值。有時，交易平台免費提供這些服務，但大多數時候都會收取費用。比方說，淘寶網不向買賣雙方收取註冊費用，而是向賣方收取費用，讓賣家在其內部搜尋引擎中獲得更高的排名；亞馬遜向Amazon Marketplace的賣家用戶提供收費的輔助服務，如貨物寄售（針對賣方）和交付。亞馬遜物流Fulfillment by Amazon（簡稱FBA）是亞馬遜提供給線上市集賣家用戶的一項廣受歡迎的搭售服務，註冊Fulfillment by Amazon的用戶將其產品的寄售、包裝和運輸外包給亞馬遜。對賣家來說，Fulfillment by Amazon提供的另一項重要價值是，透過提供快速免費送貨服務的Amazon Prime（譯注：亞馬遜提供的付費訂閱服務，會員用戶可以享受兩天內送達的免費快遞送貨服務、音樂和影片串流媒體服務，以及按月或按年收費的其他優惠）寄送所有商品的可能性。這種有價值的功能通常會導致客戶選擇某些產品，而不是其他類似產品。

有些平台會向雙邊收取互補服務的費用，但這些服務必須是有價值、可擴大規模且難以複製，以便讓平台公司收取足夠費用產生獲利。以戶戶送（Deliveroo）這個在2013年於倫敦堀起的英國點餐外送平台為例，截至2018年，該平台可在三大洲、二百多個城市迅速外送（平均三十二分鐘）本地餐館烹調的美食，避開競爭激烈的美國市場。在2015年接受採訪時，戶戶送共同創辦人許子祥解釋說，人們對他的公司有一大誤解，以為他的公司是純粹的線上市集，如果是這樣，那麼戶戶送或許可以透過媒合司機和餐館，並保持非常低的費用來賺錢。但許子祥指出，戶戶送其實是一種物流服務。[15]該公司跟沒有送貨服務的餐館合作，並為餐館提供司機，也讓他們使用以機器學習演算法優化路線的物流平台。這種商業模式向平台的兩邊，也就是向餐館和點餐的消費者收費。戶戶送向餐館收取佣金，並向客戶收取送貨費用。戶戶送依賴快遞司機，他們通常騎著自己的自行車運送食物，但戶戶送並未將外送員當成正式員工，而是將其視為「獨立承攬人」，類似Uber對司機所做的分類方式。戶戶送的外送員沒有資格獲得諸如病假工資和生活工資之類的勞工福利，也沒有受到公司保險政策的保障，萬一發生事故就要自行負責。

戶戶送的雇用作業（我們會在第六章進一步討論）維持較低的人力成本，但在技術、行政人員和管理階層方面的支出很高。[16]截至2018年，戶戶送還沒有足夠的規模經濟、營運效率或附加價值，無法為公司創造獲利。該公司籌資不到10億美元，卻在2016年虧損1.76億美元，這是戶戶送上次公布的財務數據。美食外送可能是一個價值1,000億美元的市場，但外送本身不是一項非常複雜或高附加值的服務。戶戶送無法收取高額費用或輕易提高價格，因為餐館可以採取不同方式外送食物。[17]

第四種方式是，某些交易平台除了交易費用外，還銷售技術或其他商品和服務。這種方法似乎遠遠優於外送服務，我們可以在OpenTable上看到這種做法，這個平台將想要跟餐廳訂位的人與餐廳做媒合。透過系統進行訂位，每筆訂位向餐廳收費1美元，直接在餐廳網站上訂位，則向餐廳收費0.25美元，所以餐廳使用系統的月租費就讓OpenTable進帳不少。而其他一些競爭對手（如Yelp）也針對服務和透過系統訂位收取費用。[18]

第五個方式是銷售廣告，這是交易平台使用最廣泛的商業模式之一。這種做法特別適合搜尋引擎（如Google）或社群網路（如臉書），或者其他具有社群組件的交易平台。比方說，TripAdvisor擁有用戶對旅遊服務和景點的評論，這些評論構成用戶在TripAdvisor上搜尋時獲得價值的重要組成部分。但是為了將平台價值最大化，就不能將廣告視為單方面降低用戶體驗又不受用戶歡迎的「負擔」。為了讓廣告在商業模式中發揮正面作用，即使沒有達到相同程度，廣告也必須為買賣雙方都增加價值。Google在其「關鍵字廣告」拍賣就掌握這種做法，這是一種既有效又創新的方法，可以依照用戶的興趣讓他們在搜尋時，看到跟所搜尋事項最相關的廣告。[19]廣告攔截器的興起也開始威脅許多以廣告作為商業模式的平台，激勵這些平台尋找其他方式創造收入。

4.建立和執行生態系統的規則

生態系統規則對跟平台相關的所有人提出一個基本問題：誰可以被允許做什麼事？當阿明．海因里希（Armin Heinrich）於2008年在蘋果公司的App Store上發表名為「我是好野人」（I Am Rich）的應用程式，並以999.99美元的價格銷售這支應用程式時，蘋果公司顯然面臨管理平台的挑戰。這支應用程式本身什麼功能也沒有，開啟後只在螢幕上顯示一個發亮的紅寶石和一串文字：「我有錢，我值得，我善良、健康又成功。」有八個人買了這支應用程式，蘋果公司從中獲取2,400美元的收入（主要是利潤）。這顯然是一個騙局，蘋果公司必須決定如何管理其平台：蘋果公司應該拿錢走人，還是為終端用戶建立和執行一套標準？蘋果公司選擇刪除那支應用程式，並設計一套所有應用程式開發人員都必須符合且相對嚴格的標準。如同以下章節所述，為應對生態系統治理挑戰所苦的企業，蘋果公司不是單一個案。

創新平台

創新平台需要確保互補產品或服務的品質，並清楚說明誰可以在平台上進行連結和創新。良好的生態系統治理鼓勵許多創新，並使互補業者和用戶因為可持續的方式受益。我們在此使用「可持續的」（sustainable）一詞，意指平台公司及其互補業者必須能與競爭對手有效地競爭，並從中獲利。有些創新生態系統（如軟體業）依據產業廣泛採用的技術標準，這些平台還存在技術開放範圍。一邊是專有且受嚴格控制，或對第三方互補程式（如蘋果公司的iOS）部分封閉；另一邊則是「開放原始碼」，而不為任何公司所擁有的（如Linux，以及某些本身就是Linux版本的Android）。[20]創新平台的主要治理問題確實跟本身策略的關鍵要素有關：開放程度，以及平台公司與其互補業者的競爭程度。

通常，許多成功的創新平台參與者往往將平台業者視為更廣泛的技術標準及生態系統的合法監護人，尤其是互補業者認為他們是「命運共同體」的一部分。但是平台領導者的合法性需要時間來建構，而且很容易遭到破壞。創新平台業者需要注意，不要因粗心越界而損害互補業者的創新誘因。這種擔憂在某種程度上，限制平台業者進入互補市場直接競爭的自由。

創新平台經常與其他創新平台競爭，有時甚至跟本身的互補業者競爭。眾所周知的例子是，1980年代Lotus、WordPerfect和Harvard Graphics主導DOS和Windows版本的電子表格、文字處理和簡報軟體市場，直到微軟推出Excel、Word和PowerPoint，然後從1990年起將這些軟體組合為Office套裝軟體。因此，隨著平台領導者與外部互補業者之間的競爭與合作的變化，生態系統規則就隨著時間演變而不同。Google在2012年收購摩托羅拉行動通訊（Motorola Mobility）時，我們就觀察到類似的情況。此次收購在使用Android作為作業系統的手機製造商之間，產生了焦慮和不信任感，他們擔心Google會青睞使用最新Android作業系統的摩托羅拉手機，而讓Google合作夥伴處於不利地位。儘管Google試圖透過明確聲明讓合作夥伴安心，確保合作夥伴不會受到影響，但其他授權使用Android作業系統的手機廠商還是進行避險。三星（Samsung）開始推銷一些具有自家Tizen作業系統的手機，LG推出帶有webOS（最初由Palm開發）的手機。[21] 2014年，Google透過將摩托羅拉行動通訊賣給聯想（Lenovo），解決這種緊張關係。但是，Google於2018年收購宏達電（HTC）手機工程部門的一部分，重新進入這個領域。宏達電是台灣生產商，一直負責生產Google品牌的Pixel手機。[22]

當平台競爭者也是平台的互補業者時，創新平台的治理將變得更錯綜複雜。比方說，Google是iPhone應用程式的主要供應商，其應用範圍從搜尋到地圖。蘋果公司在先前幾代的iPhone主螢幕上顯示Google Maps，等於在為Google打廣告。到2012年，蘋果公司日漸將Google視為競爭對手，而不僅僅是互補業者。這導致蘋果公司大量投資一項國際開發的競爭產品Apple Maps。Google Maps應用程式仍然可以從蘋果公司的App Store上取得和下載，但是蘋果公司決定不將Google Maps預先安裝到iPhone主螢幕上。這項決定反映出也強化了蘋果公司與Google之間的關係產生變化，從合作轉向競爭。

創新平台管理本身生態系統的一種具體方式是，透過設計平台及其互補產品或服務之間的技術介面，特別是這些介面的開放程度。當平台負責人開放其介面（如應用程式介面）時，就向互補業主發出明確的信號，表示他們正努力改善互補業者的業務；當他們關閉或限制其介面時，就發出相反的訊息。當平台並未有效地與生態系統溝通在系統內會產生的影響，就隨意更改本身應用程式介面的開放性時，就會削弱集體的共同意識，在整個生態系統中引發不滿的情緒。

推特就是說明平台傳遞混淆不清的訊息時，可能發生什麼情況的好例子。我們將推特視為社群媒體交易平台，但幾年來，推特也以混合平台的形式運作，為企業帶來活躍的創新平台。然而，推特在2012年決定限制或關閉對其應用程式介面的取用，讓互補業者社群大失所望。[23]當推特在2006年首次開放本身應用程式介面時，免費和便捷的取用激發開發人員社群，開發跟推特相關的應用程式，譬如讓用戶能在其行動裝置上查看推特〔稱為推特「用戶端」（client）程式〕。到2010年，推特被廣泛視為對開發人員友好的服務，甚至為開發人員建構一個平台，其中包含推特應用程式介面的文件檔、平台狀態資訊和論壇，該平台上約75%的流量來自推特應用程式介面。但是，當推特收購開發流行的Tweetie用戶端應用程式的新創公司Atebits後，就開發自己的行動應用程式，並開始勸阻外部開發人員設計不同的推特用戶端。當時推特平台主管賴恩．薩佛（Ryan Sarver）宣布，開發人員不應建立新的推特用戶端，而現有用戶必須嚴格遵守推特的規則。該公告還指出

「我們需要進入一個較不分散的世界，讓每個用戶都能以一致的方式體驗推特」，並提到與推特應用程式介面相關的服務條款所做的更動。

從2012年開始，推特還更改連結規則，實際上是開始關閉本身共通性的應用程式介面。比方說，在2012年，推特封鎖Instagram的「查找朋友」功能，不再允許Instagram透過應用程式介面取用推特粉絲的圖形數據。推特還對Tumblr加諸類似的限制，並開始限制允許外部服務連結的用戶數量。但是在市場表現不佳以及外部開發商之間的不滿情緒加劇後，推特從2015年開始改變發展方向。共同創辦人伊凡．威廉斯（Evan Williams）甚至在2015年7月表示，該公司在使用推特應用程式介面時發生策略性的錯誤。在2015年10月，推特共同創辦人暨執行長傑克．多爾西（Jack Dorsey）在2015年行動開發者大會上表示，推特要為該公司跟軟體開發業者之間的關係變得「混亂」和「複雜」公開道歉，並聲稱推特希望跟軟體開發業者「重修舊好」，希望日後能跟軟體開發業者的關係如膠似漆。[24]因此，在封鎖透過推特應用程式介面蒐集和顯示推文，以監控政治人物推特帳號的網站Politwoops存取後，推特在2016年1月收回成命，恢復Politwoops對推特應用程式介面的存取權限。然後，推特開始尋找其他方法增加本身平台的用戶參與度，以增加用戶每天在推特上所花的時間。用戶在推特上花更多時間，就讓該平台能夠透過銷售更多（或更昂貴）的廣告，利用用戶活動獲利。

在市場上占主導地位的創新平台（包括混合平台）面臨一個獨特的挑戰，這種挑戰類似於贏家的詛咒。隨著平台重要性日益增加，用戶和互補業者的期望也隨之增加。人們開始期望創新平台以負責任的方式行事，並追求生態系統的整體利益，而不是只想著為平台業者創造最大獲利。難怪，我們有時會將強大的創新平台視為公共設施。我們將在第六章進一步討論這個問題。

交易平台

交易平台的生態系統規則跟創新平台類似：最終，交易平台必須決定誰可以透過該平台進行連結，以及市場各邊可以在該平台上做什麼。此外，人多數交易平台都有制定規則，盡量減少交易品質不良的情況發生，譬如去除劣質商品和服務、客戶不滿意就協助退貨，以及打擊詐騙行為。

有些交易平台會在成員得以進行活動前，要求進行驗證作業，我們將這種主動限制誰可以參與平台的做法稱為「策畫」。舉例來說，在發生多起性侵事件，包括在印度有司機性侵一名乘客後，Uber就試圖透過檢查駕照和背景調查，提高司機的資格。[25]在中國，滴滴出行在發生幾次司機性侵和殺害乘客的事件後，也採取同樣的審查做法。[26]平台還可以採取「社區準則」的形式，明確規定平台的規則。Uber的指導原則包含一些通則，譬如「互相尊重」、「為乘客和司機提供一些個人空間」、「禁止跟司機或其他乘客之間有身體接觸」（明確提及「謹此提醒，Uber禁止性別歧視」），以及反對「歧視」的政策。[27] Airbnb也做了類似的努力，制定反歧視政策。Airbnb要求所有成員同意「Airbnb社區承諾」（Airbnb Community Commitment），同意「對待Airbnb社區的每位成員，無論其種族、宗教、國籍、族群、殘障、性別、性別認同、性向或年齡，都不帶批判或偏見地給予尊重」。[28]

但實際上，平台在策畫成員和活動的程度上存在很大的差異。Freelancer.com這個成立於2009年的線上接案平台，連結全球超過二千四百萬名雇主和接案者，它不限制接案者的數量，相較之下，成立於1999年的競爭對手Upwork採取演算法管理，並使用多種措施驗證接案者的真實身分，包括驗證電子郵件地址及提供線上技能測試的結果。Upwork還允許刊登求職廣告者在職務中加入自行定義的篩選問題，並提供聊天和視訊會議等工具，對最後篩選出的應徵者進行面試。不過，Upwork對接案者的工作品質不負任何責任，並明確表示挑選接案者是刊登求職廣告者的責任。[29]但是，策畫的目的是提高工作品質，並建立平台雙邊對其媒合功能的信任。

提高平台成員績效數據的透明度，是提高參與品質和用戶信任度的另一種方式。評論和評估是在各種交易平台都能看到的功能，如TripAdvisor、Expedia、Airbnb、Uber、Amazon Marketplace、Upwork等。這些交易平台通常提供一個簡單介面，用戶可以針對透過平台執行服務者給予評價，然後平台計算整體評分結果，並讓用戶可以搜尋評分和個別評論。藉由這種方式，交易平台通常允許彼此完全陌生的人快速評估雙方是否進行互動或交易。

透過演算法自動計算的評論和評價，可以在平台成員進行社群審查時發揮作用。他們針對過去的交易和評論，建立一個可供搜尋的儲存庫，允許平台各邊的成員建立起來的聲譽，為用戶創造價值，提供誘因讓用戶持續使用平台，創造平台的「黏著度」，而不會讓用戶使用好幾個平台。假評論和其他不當貼文仍是許多平台要解決的問題，儘管平台業者正投資人工智慧工具，協助識別虛假或未經授權的評論（譬如由餐廳或旅館業者撰寫的不實評論，或者產品公司為攻擊競爭對手惡意提交的負面評論），以及其他不當內容。在平台提供用戶的價值中，評論的真實性顯得特別重要，有些平台（如臉書、Google的YouTube和TripAdvisor）使用更多審查員和人工智慧工具來驗證有問題的評論和內容，[30]像Upwork還顯示每位接案者的「成功接案次數」，還有以往接案的評價。

在某些情況下，平台本身會監控市場某一邊執行的工作，例如Uber的評分系統就評估司機的服務績效，產生以下的結果：如果司機的評分降到太低，Uber會將司機「停權」或「永久終止合作」。Uber還鼓勵司機盡可能多接案，不要拒絕乘車要求，Uber甚至計算並公布司機的接案率。像Upwork這類接案平台還需要以小時作為追蹤單位的應用程式，來追蹤接案者完成的工作，該平台透過（經過接案者的同意）截取接案者電腦螢幕的截圖，來監視接案者完成的工作。

雖然交易平台可以為用戶提供工具，評估所執行服務的品質或次數，但是交易平台通常不對活動本身承擔責任，不過也有例外存在，比方說，某些平台向購買者提供服務品質的保證或保險，而某些線上市集還安排產品退貨。但平台在提供這些客戶服務的程度上有所不同，Amazon Marketplace提供保證退貨服務，還提供買賣雙方之間進行調解，以強制賣方迅速回應客戶取消訂單和退貨的要求。其他線上市集（如法國Le Bon Coin）就沒有這樣做。

在預防詐騙方面，交易平台願意承擔多少責任也各有不同。這部分仍存在爭議，比方說，eBay等公司大規模監控和打擊仿冒商品的銷售，平台在不同地區所用規則的嚴格程度也存在差異。儘管比較起來，eBay往往更為嚴格（我們將在第四章探討其政策），但eBay的一些競爭對手（如中國的阿里巴巴）

向來採取相反的做法。

許多平台相當審慎地限制本身的責任。2017年6月，Airbnb在其更新的條款和條件中指出：「作為Airbnb平台的提供者，Airbnb並不擁有、設計、銷售、轉售、提供、控制、管理、提議、交付或供應任何房源或住宿服務。房東要為本身的房源和住宿服務負責……Airbnb不會為任何會員的行為負責。」至於其在潛在糾紛扮演的角色，Airbnb表示：「儘管我們可能協助會員解決糾紛，但Airbnb無法控制也不保證：(i)任何房源或寄宿服務的存在、品質、安全性、適用性或合法性；(ii)任何房源描述、評價、評論或其他會員內容（定義如下）的真實性或準確性；(iii)任何會員或第三方的表現或行為。」最後，Airbnb指出：「Airbnb不會為任何會員、房源或寄宿服務背書。」[31]

最後要說的是，治理政策和技能可能會破壞平台。從俄羅斯透過臉書干預美國大選，到偷竊內容上傳到YouTube，這些問題都可能讓臉書這個平台的業務合法性遭到質疑。

混合平台：結合交易平台與創新平台

如同我們在第一章圖1-2所做的說明，有些平台公司採用混合策略，他們將交易和創新等功能，組合在同一個平台的基礎架構中，或在同一公司內啟動交易平台和創新平台。最有價值的平台事業（並且在世界上最有價值企業中名列前茅）都是混合平台，包括微軟、蘋果公司、亞馬遜、Alphabet-Google、臉書、騰訊、阿里巴巴，以及其他少數幾家公司。

混合做法似乎很流行又很有價值，因為這樣做結合創新平台與交易平台的優點：臉書或騰訊（與微信）等交易平台公司可以增加創新平台功能，取用第三方公司的創新能力。這些公司可以透過最少的內部投資，讓本身的社群媒體或即時通訊活動更有吸引力。蘋果公司或Google（與Android作業系統）等創新平台公司，可以建立單獨的交易平台或商店，以傳送互補創新和數位內容，讓平台更有價值。這樣做的附帶好處是，讓創新平台可以從銷售或交易費用中產生額外的收入。

我們還看到兩種不同類型的混合策略，儘管兩者並沒有明顯的區別，只是存在在頻譜的兩端裡。在這個頻譜一端的平台公司，增加第二種平台並以某種有意義的方式，將原先的平台跟新增的平台連結起來。這樣可以透過跨邊行銷與共用用戶群建立聯繫，這種做法大幅仰賴數位技術、分析和統一客戶數據庫。或者，平台公司透過建立線上市集或數位商店來分送應用程式和內容，加強本身的創新平台。這些投資讓創新平台更有價值，並有可能產生跨邊的網路效應，譬如終端用戶和智慧型手機應用程式這類互補創新生產者之間產生的跨邊網路效應。

我們將連接同一家公司內部兩種不同類型平台的做法，稱為**整合式混合策略**（integrated hybrid strategy）。

在這個頻譜的另一端，平台公司可能增加其他類型的平台，但在技術上或營運上都不會將兩者結合在一起，我們將這種做法稱為**複合式混合策略**（conglomerate hybrid strategy）。這些組織通常跟於非數位世界的企業集團很像，在同一組織集團或控股公司結構下擁有幾個不同的事業。各個事業之間並未透過技術、市場行銷或客戶而有緊密的聯繫，只是不同事業單位之間有資金往來，以及行政人員或研究人員的流動。在傳統經濟中，奇異公司是二十世紀後半時期最大也最成功的企業集團，即便如此，在更講究效率與專注的商場競爭下，奇異公司近年來營運狀況頻頻。管理方面的大多數研究顯示，進行非本業投資的企業集團，營運表現沒有透過相關事業多元化發展的企業來得好。儘管如此，Alphabet-Google、亞馬遜、阿里巴巴和騰訊等大型平台事業，以及前幾年的雅虎（現在由Verizon擁有）在其投資組合中，往往既有整合式的投資也有複合式的投資。

創新平台為主、交易平台為輔

創新平台增加交易平台功能（意即線上市集功能）的主要原因是，促進和控制互補產品或服務的分銷通路。交易功能藉由為互補業者提供分銷的基礎結構，而為互補業者創造價值，同時平台公司可以獲取所創造的價值，從中獲取大部分利潤。創新平台倘若沒有應用程式和數位內容，就沒有什麼價值可言，所以不用花錢就能增加應用程式的最佳方式是，鼓勵第三方開發人員進行創新，然後透過整合的應用程式商店，簡化應用程式的分銷通路。

在網路出現前，很少有公司將創新平台和交易平台結合在一起，但在過去二十年當中，幾個創新平台在啟動不久後就增加交易功能。蘋果公司在推出iPhone大約八個月後，就增加App Store。Google開始授權Android後，大約一年就啟動其應用程式商店Google Play。亞馬遜向這些實例借鑑，推出Alexa家用喇叭等智慧家居裝置的應用程式，並啟動新平台（詳見第七章）。值得注意的是，Palm個人數位助理（personal digital assistant，簡稱PDA）是1990年代後期流行的智慧型手機的前身，它也透過網路啟動一個應用程式商店，因此蘋果並非首屈一指。[32]

應用程式商店和數位內容商店可以為創新平台和互補業者產生可觀的額外收入。蘋果公司和Google從各自的應用程式商店銷售額中，獲取三成利潤。在2017年，蘋果公司的App Store收入達到115億美元，而應用程式開發業者收到的付款金額為265億美元。[33]雖然Google也於2018年跟應用程式開發業者收取三成佣金，但先前為了鼓勵應用程式開發業者為Android作業系統設計應用程式，Google只收取二成佣金。

交易平台為主、創新平台為輔

交易平台為本身的業務增加創新平台（意即向外部公司開放應用程式介面和一些用戶數據）的主要原因是，為了激發第三方進行創新。通常交易平台有更多應用程式或功能，就能為用戶創造更吸引人的體驗，並創造更多的獲利商機，譬如銷售更多廣告或收取不同類型的交易費用。交易平台產生的用戶行為相關數據，也成為一項寶貴資產，平台公司和廣告商等第三方可以利用這項資產，更深入了解用戶行為與需求，或設計能在不同平台間產生跨邊網路效應的行銷策略。

先前我們提過，臉書透過允許數百萬個應用程式和網站的存取，增加本身的吸引力。這種開放性也可能適得其反，如同我們在劍橋分析公司一案中所看到的，以及後來發現臉書從用戶那裡蒐集龐大數據量（通常未經過用戶的明確許可），提供給廣告商和應用程式開發業者。[34]但是整體來說，就像微軟和其他公司在很久以前發現的那樣，成為具有創新平台功能的混合平台，讓交易平台可以在不增加內部研發成本的情況下，增加新功能或特性，所以他們可以取用世界各地提供的創意和軟體工程技能。但有時候，增加第二個平台其實是迫不得已之舉，比方說，Snapchat一直努力因應來自臉書Instagram的競爭，因而在2018年開放應用程式介面，鼓勵第三方進行互補創新，希望一些新應用程式可以讓Snapchat為用戶帶來更棒的體驗，進而吸引更多廣告客戶。[35]

除了臉書和Snapchat外，旅遊服務平台Expedia也是從交易平台新增創新平台功能的混合平台實例。當Expedia打著「用我們的技術，成就你們的事業」（Your Business, Our Technology）這個口號，制定聯盟計畫時，就開放一套應用程式介面。這些應用程式介面允許外部公司在本身的應用程式中，增加預訂飯店、航班和汽車等功能。Expedia應用程式介面還讓外部開發人員可以建構使用Expedia交易功能的應用程式，該功能支持三十多種貨幣和十種不同類型的信用卡付款。除了提供取用其交易技術的權限外，Expedia應用程式介面還讓第三方能夠存取平台的「豐富內容」，譬如超過一千一百萬個飯店圖檔、六百五十萬個房間圖檔、每個房間的一百個特徵，以及三十八萬個景點，而且內文支援超過三十五種語言。[36]

整合式混合平台與複合式混合平台的對照

有些混合平台公司比其他公司更緊密地整合兩種平台。比方說，蘋果公司將其主要的創新平台（iPhone和iPad的iOS作業系統）跟交易平台（App Store）和線上商店（iTunes）及其他服務（iCloud、iBooks等）緊密地結合。App Store和iTunes的圖示直接顯示在iPhone的啟動螢幕上，產品註冊也連帶應用程式和內容的註冊，以及要求提供一些其他資訊，如信用卡。這種緊密整合具有多重好處：App Store提供一個分銷通路，讓iPhone應用程式開發人員得以接觸到iPhone和iPad的龐大用戶群。整合為想要銷售本身應用程式的應用程式開發人員創造價值，為互補業者和內容供應商提供全球分銷通路，讓他們更有動力在蘋果公司生態系統中保持活躍，並繼續為蘋果公司開發新的應用程式和內容。App Store的存在讓終端用戶對購買新的iPhone和iPad感興趣，因為持續不斷的新應用程式和內容，讓這些設備具備更多功能也更有吸引力。而利益也朝著另一個方向發展：App Store透過分銷軟體、數位服務和數位內容，產生更加龐大的收入和利潤，蘋果公司希望有朝一日，這部分的收入能成為公司營收的一大部分。

混合平台策略運作良好時，還可以提供其他策略優勢，它們為創新平台提供進入障礙，因為競爭對手需要時間建構應用程式和開發人員生態系統的組合。混合策略還透過賦予平台業者排除競爭對手的權力來削弱競爭對手，只不過這樣做必須注意不要違反反托拉斯法（我們將在第六章討論這個主題）。比方說，Android作業系統開放原始碼並免費授權，但是Google對想要取用Google Play（最大的Android應用程式商店）的智慧型手機製造商卻加諸嚴格的限制。智慧型手機製造商需要獲得Google Mobile Services的授權，這表示要接受嚴格（且不斷增加）、以設備為主的要求清單，而且有義務根據「Google相容性測試套件」持續驗證本身的設備。[37] Google Mobile Services包括非常受歡迎的應用程式，如YouTube、Gmail、Google Maps和Google Docs。沒有使用Google批准的Android版本的智慧型手機製造商，很難通過這些相容性測試並找到替代服務。

Google不僅將Android應用程式跟其Android作業系統和服務緊密整合，還做了很多事。在Android發展初期，供應商可以在免費且開放原始碼的Android作業系統中，使用一些修改版本並建構自己的應用程式，這導致產生了一些獨立且不相容的生態系統，讓三星和小米等手機製造商能夠為自己贏得更多價值。然而Google是希望防止Android軟體及其不相容的應用程式出現這些「衍生版本」。Google當然也希望阻止其他公司以廣告或軟體銷售的方式進行宣傳，因此Google將用於應用程式開發的應用程式介面，從Android作業系統移到Google Play Store本身。自2012年起，現在大多數開發人員設計的Android應用程式，都與「Google Play Services應用程式介面」相容。Google也可以自行更新應用程式，如此一來就能跟作業系統更新（由智慧型手機製造商控制，而不是由Google控制）

區分開來。

讓Google Play Store成為應用程式平台是解決Android版本碎片化問題和Google潛在收入損失的絕佳解決方案，但是其中一些策略已在歐洲反托拉斯監管機構引起廣泛關注，而Google則藉由更改本身的一些政策做出回應。儘管如此，擁有這兩種平台並將其緊密整合，就是Google勝過對手的競爭優勢。[38]

亞馬遜是另一個具有不同整合程度混合平台的實例，在看似無關的業務中，已具有規模經濟和範疇經濟。亞馬遜線上商店（Amazon online store，亞馬遜正在推銷或經銷的新產品）和Amazon Marketplace（銷售第三方的商品和二手商品）都提供相同類型的商品。由於用戶只看到一個介面螢幕，因此來自線上市集業務的網路效應，直接強化線上商店的業務。兩個事業都在Amazon Web Services支援的相同數位基礎架構上運作，並蒐集和分析顧客交易數據。同時，Amazon Web Services是一個獨立的交易平台和創新平台，提供想要租用雲端服務，並利用配套功能和軟體工程工具作為應用程式開發環境的公司。然後，我們有Kindle和Alexa這些裝置，他們是獨立的交易平台和創新平台，但都將用戶連結到亞馬遜線上商店和Amazon Marketplace，購買電子書和其他商品。

中國頂尖的混合平台公司也從一種平台類型，擴展到第二種平台類型，並以不同的整合程度經營本身的平台和其他業務。許多中國用戶不常使用個人電腦或信用卡，因此在某種程度上，中國平台公司已經超越這些技術，他們已將智慧型手機和微信這類應用程式整合為單一平台，可以進行許多活動和服務，騰訊提供一個很好的實例。騰訊成立於1998年，為中國個人電腦用戶提供即時通訊平台（QQ），並從廣告和即時通訊付費服務產生收益。從2004年開始，騰訊擴展為開發和付費託管線上遊戲。當行動設備開始流行，騰訊將QQ演變為微信，將社群媒體功能增加到即時通訊應用程式中。如今，微信擁有超過十億名用戶，騰訊還將微信發展成廣為普及的創新平台。騰訊和第三方公司都使用微信應用程式介面建構各種應用程式，並提供諸如電子支付、電玩遊戲和共乘等服務（騰訊和阿里巴巴都是滴滴出行的投資者，滴滴出行收購Uber在中國的共乘業務）。騰訊還將微信與其遊戲開發和託管平台緊密整合。就商業模式而言，微信藉由將用戶存入其電子支付帳戶中的現金進行投資來賺錢，[39]並且還從電玩遊戲中賺取費用，還有將客戶轉移到其主要合作夥伴，如滴滴出行和京東商城（是騰訊在2014年投資的購物平台）等。

管理者和企業家該熟記的重點

在本章中，我們討論創新平台和交易平台之間的差異，以及兩者在建構平台時如何遵循相同的步驟：找出構成平台的市場邊，解決「雞生蛋或蛋生雞」這個問題，啟動平台並產生網路效應，找到可行的商業模式，並建立平台治理規則，以確定允許誰可以透過平台進行何種活動。我們還討論將創新與交易的平台或功能結合在同一家公司的混合平台策略。因此，在選擇平台策略和商業模式時，管理者和企業家該熟記什麼重點呢？

首先，也是最明顯的是，管理者和企業家需要**了解這兩個不同類型平台的優點和缺點，以及潛在的成本和收益**。比方說，成功的創新平台寥寥無幾，因為這類平台位於龐大的生態系統中，擁有成千上萬，甚至數十億的參與者和個人用戶，儘管平台概念的引入成本可能很低（譬如當產品公司向第三方公司開放其應用程式介面時），但這個世界所能支持的強大創新平台有限。更常見的情況是，創新平台非常昂貴，而且從頭開始建構（例如建構新的大眾市場作業系統或雲端計算基礎架構）也有風險。大約60%至70%的新創公司和身價十億美元的獨角獸企業，全都屬於交易平台，為什麼？因為對於企業家來說，建構交易平台似乎更容易也更便宜。而且以技術層面來說，交易平台比較容易建構，並且可以在許多不同市場中提供價值，從房間分租、汽車共乘到共享家用工具和寵物。相較之下，創新平台需要建立一種核心技術，該技術可以作為其他公司建構互補產品和服務的基礎。這種類型的平台在軟體和硬體系統技術市場中最為常見，因此我們主要聽到的是有關電腦、智慧型手機、消費電子產品、電玩遊戲開發，以及雲端託管和應用程式開發環境的創新平台資訊。儘管如此，像亞馬遜、臉書、騰訊的微信、Uber和Airbnb的交易平台紛紛增加創新平台功能的事實證明，管理者和企業家應該更廣泛地了解自家交易平台可以在哪些地方，建立有用的創新平台。

其次，**創新平台可以在各種環境中實現「開放式創新」**。創新平台可以利用內部較小的投資，藉助外部數千個，甚至數百萬個第三方創新，為平台創造龐大的潛在收益，這是提高平台本身產品和服務價值的有效途徑。儘管創新平台相對稀有，但我們看到新的創新平台陸續出現。IBM試圖透過與公司和大學的應用程式開發人員建立合作夥伴關係，尤其是在醫療保健應用程式方面，將本身人工智慧技術Watson AI，轉變為新的諮詢服務與創新平台。[40]奇異公司將自家Predix作業系統開放給其他公司，鼓勵外部公司為物聯網設計產品和服務[41]（我們會在第五章探討此個案）。我們還擁有一些開放的通用技術，這些技術可能發展成創新平台，區塊鏈就是一個很好的例子。區塊鏈曾經與加密貨幣比特幣（也是一種交易平台技術）有關，而且多家公司開始使用區塊鏈軟體，追蹤網路上不同類型的交易，包括食品運送以及資金和機密文件的轉移。[42]

再者，有更多行業的管理者和企業家可能需要認真思考，將**創新平台和交易平台的功能做結合，也就是採取混合策略**。我們很清楚，混合策略是平台思維發展的下一個階段。混合策略將讓平台成為如此強大策略性武器的邏輯做進一步地衍生。平台都跟利用現有資產和組織能力之間的互補性有關，有時平台公司的目標是利用用戶參與度，讓客戶對廣告商或應用程式開發業者等其他市場邊更具吸引力；有時平台公司的目標是利用一項共享資產，提供第三方進行創新。

儘管創新平台和交易平台都透過增加對現有資產的使用來創造價值，但混合平台卻進一步發揮作用。當混合平台利用本身在數位技術方面的專業知識，促進各種軟體服務之間的整合，並允許使用或重複使用軟體模組和用戶數據時，平台效益就更大。難怪當企業在技術和策略方面精心設計，讓交易平台跟創新平台加以整合並彼此利用時，似乎就能達到最佳營運績效。跟傳統企業集團相比，進行非本業投資的數位企業並不具有任何特殊優勢。雅虎就是這方面的實例，從原先提供網路目錄服務，發展成網路服務大雜燴（搜尋、電子郵件、購物、新聞、體育和金融資訊等），主要銷售具有不同用戶群的一般廣告，但產生的網路效應卻微乎其微。[43]不過如同我們在亞馬遜、Google、阿里巴巴和騰訊所看到的那樣，混合平台公司可以創造新型態的「關聯性」，他們可以集中顧客數據和分析，以進行跨平台的行銷和廣告，還可以透過使用相同的數位基礎架構，為多個平台和其他線上事業（如數位商店）提供動能和連結，充分利用龐大的規模經濟和範疇經濟。

我們還必須謹記，要產生強大的網路效應是很困難的，而健全的商業模式往往會避開大多數平台投資。下一章要談的主題就是管理者和企業家在啟動新平台時，最常犯下什麼錯誤。

第四章

失敗平台常犯的四大錯誤

定價不當、互不信任、錯失良機、輕忽對手

平台失敗的模式

平台的一邊定價不當

互不信任，尤其是交易平台

傲慢或不把競爭當一回事

錯失時機或無法在市場對哪一邊有利前先採取行動

管理者和企業家該熟記的重點

在專家們大聲疾呼數位革命浪潮已至的情況下，引發一股平台事業狂熱。跟1990年代的第一波網路公司的榮景類似，我們可以預見，每個領域都有業者想率先建構規模最大的新平台。看來平台事業像是人人爭搶的新大陸，公司認為必須搶先一步，以確保獲得新的領土，利用網路效應並為後續參與者提高進入障礙。Uber拚命努力以驚人的速度征服全球各個城市，而Airbnb希望建構一個在世界各地共享房間的平台，就是近期最為人所知的兩個實例。

問題是，搶當先行者從未在平台事業或非平台事業上獲得必定會成功的保證。一些先行者，如電子商務中的亞馬遜或新一代智慧型手機中的蘋果公司，已經轉型並穩居強有力的地位。然而幾乎在每個類別中，先行者的失敗都讓平台世界充滿混亂。Sidecar（不是Uber）開拓共乘市場；VRBO和眾多度假租賃平台（不是Airbnb）開拓住房出租市場；Friendster和MySpace（而非臉書）領軍並大幅擴展社群網路。

先行者迷思背後的支撐力量是：害怕錯過（fear of missing out，簡稱FOMO）。在有人解決雞生蛋或蛋生雞這個問題，以及網路效應開始發揮作用的市場（如工商電話簿或Google Search）中，失敗的後果可能極具毀滅性：失敗者將永遠無法再進入市場。但更常見的情況是，先行者犯錯了，Friendster是一個很好的例子。早在祖克柏創辦臉書前，Friendster就建立一個龐大的社群網路，卻因為做出錯誤的技術選擇，導致本身不容易擴大規模。用戶對Friendster感到失望，因為下載一個網頁要等上十二秒鐘，因此讓臉書有機可乘，搶占社群網路市場。在美國以電子商務為主的eBay，也是進軍中國市場的先行者，儘管eBay迅速占領中國市場的主導地位，但阿里巴巴卻在幾年內取而代之。在1990年代中期，網景占據80%的早期瀏覽器市場，後來卻被微軟打敗，然後微軟擁有超過90%的市場占有率，但近年來卻失去原本的領先地位，先後被Firefox和Google的Chrome瀏覽器奪取龍頭寶座。

平台失敗的模式

為了了解平台為何失敗和如何失敗，我們盡可能找出在過去二十年中，遭逢失敗的美國平台。我們檢視之前在數據庫中分析過的創新平台公司和交易平台公司的年度報告和股東委託書（參見第一章和數據附錄），並將其中提到的競爭平台公司列成清單。我們發現二百零九個失敗平台，雖然並非詳盡無遺，卻讓我們可以對平台為何經營不善，做出一些一般性的觀察。

首先，如附錄表4-1和4-2所示，最明顯的模式是，失敗的交易平台竟然在樣本中占據將近85%的比例，而且我們發現交易平台的壽命也比較短，平均為4.5年，混合平台和創新平台的平均壽命則分別為7.4年和五年。這個結果並不奇怪，像Friendster這樣的許多平台之所以失敗，是因為平台本身實力薄弱：平台的技術已經過時，或是用戶介面複雜且難以使用。尤其對交易平台而言，啟動線上市集的進入障礙一直很低，而且這些平台往往因為無法在平台的一邊或多邊吸引足夠的市場參與者，實現積極的網路效應讓平台得以成長，最後只好以失敗收場。許多零工經濟平台在二、三年內就關門大吉，因為他們沒有足夠的用戶，而且資金也用光了，這些公司在本地運送和服務領域或叫車服務面臨的挑戰之一是，網路效應是本地的，但要有效擴大規模並建立品牌知名度的唯一方法，是在地理分布上擴大版圖。因此，平台公司需要吸引更多的投資，並有足夠的財力去實現獲利和正現金流，如此一來可能需要很長的時間。

由於口袋要夠深，獨立平台公司往往比大企業或集團自行推出或收購的平台公司壽命更短。對於獨立公司來說，克服雞生蛋或蛋生雞這個問題顯然更具挑戰性，獨立平台公司的平均壽命只有3.7年。被收購的平台公司通常資金比較雄厚，能夠撐上更長一段時間（平均7.4年），而隸屬較大實體的平台公司平均壽命為4.6年。

在同一領域中，合併也是平台常見的模式。平台由於合併而經常消失，在某些類別中尤其如此。比方說，一波收購浪潮讓1990年代出現的大量入口網站和搜尋引擎的數目銳減，到2000年代中期只剩下少數參與者。最近，隨著較大競爭對手收購兩個主要平台，點對點接送的共乘平台也因此合併。此外，在1990年代專門針對特定垂直市場的企業對企業市場（如飛機零件、醫療用品或化學藥品的交易），也出現相當大的合併情況。

在平台數量相對較少的領域，失敗則是由於競爭對手做到「贏家通吃或贏家拿到最多好處」所產生的結果（即使沒有政府監管的協助）。行動作業系統和社群網路應用程式就是最好的例子，這部分我們後續會在本章裡討論。自從市場往iOS和Android傾斜，沒有第三種行動作業系統獲得可觀的市場占有率，儘管競爭對手如BlackBerry、Windows和Symbian當初率先進入市場，並擁有大量可用資源。同樣地，在社群網路中，隨著市場的傾斜，臉書取代了MySpace、Friendster和GeoCities等早期競爭對手。

社群網路說明另一種模式：經營不善的平台有時為了倖存，就會尋求利基，但結果卻好壞參半。比方說，Ello從一般的社群網路轉變為利基社群網路，作為創意合作的空間，讓藝術家可以在這個平台上展示自己的作品，並從其他藝術家那裡獲得意見。儘管以女性為導向的網站iVillage失敗了，但它專注於女性，而且續存很長一段時間（十八年），這無疑是一個很大的利基市場。迪士尼（Disney）的企鵝俱樂部（Club Penguin）以兒童為主要對象，經營十二年，直到2017年才吹熄燈號，而Path這個平台則嘗試著眼於亞洲市場。另一方面，家庭專用的私人社群網路Kinly，啟動後營運從未見起色，二年後就宣布倒閉。

平台的失敗未必表示公司就失敗。許多無法產生足夠交易量的線上市集（尤其是企業對企業）被轉移到相鄰的業務中，其中一個例子是seafood.com，該網站於1996年啟用，從事海鮮業的新聞服務。在1999年，seafood.com在網站上增加批發和零售市場，同時繼續提供產業新聞，包括訂閱新聞服務。2012年，在廣告和訂閱收入的支持下，seafood.com放棄線上市場，恢復僅提供新聞的網站。截至2018年，該網站繼續提供產業新聞服務。Exostar是另一個例子，這個平台是雷神公司（Raytheon）、波音公司（Boeing）、洛克希德·馬丁公司（Lockheed Martin）和英國航太系統公司（BAE Systems）於2000年推出的，不以市集功能為主，而將本身定位為促進產業內部供應鏈的協作，後來擴大為多種產業服務。到2018年，Exostar的商業模式已轉變為「幫助受到高度管制產業的組織減輕風險，解決企業認同並因應挑戰，並在其整個供應鏈生態系統中推動安全協作」。[1]

其他失敗的平台也面臨許多企業共同得面對的挑戰。許多平台早在有基礎設施得以維持之前就出現了，比方說，幾個廣播串流平台或線上遊戲平台就是如此，包括Mpath、broadcast.com和globalmedia.com，都是在邁入二十一世紀前、寬頻廣泛普及前啟動的。最近由於交易量低，希望將比特幣兌換為其他貨幣的人數仍然很少，導致兩個數位資產交易平台在短時間內就收掉。由於平台往往針對現有業務引進新的商業模式和結構，因此經常遇到法律和監管制度方面的問題，像是Uber和Airbnb就跟業務所在城市的地方監管機構糾纏不清，而其他平台公司也沒有免於監管審查。舉例來說，AirPooler和Flytenow是將乘客與飛機有空位的私人飛行員進行媒合的共享飛行體驗平台，這兩個平台被美國聯邦航空管理局（FAA）裁定為從事商業航空，必須受到監管，結果都在2015年結束營業。在舊金山，代客停車隨選服務的Vatler因為違反當地法規，在成立僅一年後就被迫關閉。

如同這些匯總數據所示，造成平台失敗的原因很多。企業營運不善而失敗收場是很稀鬆平常的事，比方說，《平台經濟模式》的合著者帕克、范艾爾史泰恩和喬德利就提出平台可能失敗的六種原因：無法優化「開放性」、無法吸引開發人員、無法分享盈餘、無法啟動正確的市場邊、無法在有限的資金下達到關鍵用戶數量、無法發揮正確的想像力。[2]我們同意這些是平台無法成功的重要原因，但在本章中，我們採用稍微不同的取向，這種取向比較具體。我們著眼於導致平台事業失敗的四個常見錯誤：(1)市場定價錯誤；(2)無法與用戶和合作夥伴建立信任；(3)過早消除競爭；(4)太晚進入市場，也就是說，網路效應和適合贏家通吃或贏家拿到最多好處這種結果的其他條件已經被其他業者搶得先機。我們還將探討最重要的課題，向那些接近獲勝卻從未超越終點的公司學習。那些風光啟動，後來卻無法支撐市場或無法讓市場對本身有利的失敗平台，帶給我們什麼教訓？我們還比較太晚進入競爭，跟太早進入競爭，結果有何不同。雖然帶頭企業經常出錯，但這並不表示管理者可以坐下來等待，一旦一家公司克服雞生蛋或蛋生雞這個問題，並且網路效應開始發揮作用，晚一步進入市場可能會對平台公司造成重創。

對於管理者和企業家而言，重要的是平台必須避免最常見的破壞性錯誤，即使是那些初期贏家也可能很快淪為輸家。

平台的一邊定價不當

平台研究人員已經對定價決策進行大規模的研究，但管理者還是做出錯誤的定價決策。我們在先前章節中探討過的關鍵洞察力是，平台通常需要補貼市場其中一邊，以鼓勵市場另一邊參與。對任何平台來說，了解哪一邊要收費，哪一邊獲得補貼，可能是唯一最重要的策略決定。當對手平台面臨激烈競爭時，挑戰將會更加嚴峻。當兩個或更多個平台競相創造網路效應時，平台可能必須放棄慣用的定價策略。

Sidecar在計程車市場上的失誤，就是率先進入市場卻未能認清這種定價問題的典型實例。2015年8月，總部位於舊金山的共乘平台Sidecar宣布，將轉型為以當日配送為營運重點。Sidecar在同年稍早推出這項服務，以補充其主要的點對點共乘業務。該公司預計大部分收入將來自運送食物、鮮花，甚至是藥用大麻，而不是共乘服務，此舉隱約承認本身已經在與更大、更知名共乘平台Uber和Lyft的競爭中敗下陣來。[3]但是這次轉型並未能獲得回響，該公司宣布將在12月31日完全暫停營運，再過一個月，該公司宣布已將其大部分資產出售，並將其知識產權授予通用汽車公司（General Motors），通用汽車公司正在開發自己的運輸服務。[4]

Sidecar從未成為家喻戶曉的公司，儘管如此，它的失敗還是提供一個很重要的課題，因為早在Uber和Lyft將他們的新創公司轉進這個領域前，Sidecar率先提出點對點的共乘模式。到2015年，共乘平台（智慧型手機應用程式將乘客與擁有私人車輛的非職業司機進行媒合）已經成為共享經濟或零工經濟的支柱，儘管事實上這種平台已經存在三年。

Sidecar的共同創辦人兼執行長桑尼爾．保羅（Sunil Paul）早在1998年就曾提出提供這種服務的想法，並於2002年取得透過無線網路進行行動叫車的專利。[5]保羅將其想法擴展到Sidecar中，他於2012年1月成立Sidecar。該公司於2012年2月開始在舊金山對其共乘服務進行測試，並於6月對外啟動這項服務。乘客在智慧型手機上透過Sidecar應用程式，輸入接送地點來要求搭車，附近的司機會接受搭車要求，然後接送透過該應用程式付款的乘客。無須使用現金或其他付款方式。保羅在宣布啟動這項服務時表示：「Sidecar不只是遊覽城市的最簡便方法，我們已經為第一個眾包運輸網路建構一個平台。」[6]在接下來的幾年中，Sidecar的成長緩慢，到2015年，大約只在美國十二個城市裡可用，包括洛杉磯、西雅圖、奧斯汀、芝加哥、夏洛特、華盛頓特區、布魯克林和波士頓。

在Sidecar的平台上，起初付款還可以選擇要「捐多少錢」給司機，該應用程式為乘客提供平均捐款的相關資訊，協助乘客決定如果選擇這樣做要捐多少錢。Sidecar（和競爭對手Lyft採用相同的付款模式）聲稱，由於他們只提供連結乘客和司機的技術，因此Sidecar不是交通運輸公司，不應該跟計程車和出租車服務面臨同樣的監管要求。將付款定義為捐贈，還讓司機能夠規避對計程車和豪華禮車等商用車所施加的擴大保險承保範圍的要求（儘管還不清楚保險公司是否會以相同方式看待這種情況）。[7]事實證明，這種捐款模式是行不通的，而且在2013年11月，為回應司機的意見，Sidecar放棄這項服務，而選擇乘客叫車時的固定費用。保羅在宣布這項改變時表示，司機「明確地向我們反應，如果他們每趟車程都能獲得合理的報酬，他們會更頻繁地出車，也會接受長途搭乘的要求」。[8]

跟任何新平台相似，Sidecar必須想辦法，如何為市場雙邊（服務供應商和消費者）的服務定價。在這種情況下，定價的意義不只是誰可以免費得到什麼，以及誰該付錢，畢竟當平台面臨來自其他平台的激烈競爭時，成功的平台必須吸引關鍵資源，並維持成員的參與。以Sidecar的服務來說，關鍵資源就是司機。隨著超越傳統計程車和出租車服務的競爭平台陸續出現，Sidecar卻未能做出正確的定價。

Sidecar推出僅兩個月後，一家名為Zimride的新創公司就推出Lyft這個新的點對點共乘服務，而且這項服務也以舊金山為起點。Zimride於2007年開始營運，經營一項長途共乘服務，該服務利用臉書將乘客和司機進行媒合。起初，Zimride只是針對大學校園和企業市場做推銷，目的是為學生和員工提供共乘服務，但向大眾提供這項服務時，卻一直沒有成功。2010年，Zimride提出本地點對點共乘的想法，並將這個想法發展為Lyft平台（於2012年啟動）。Lyft迅速讓Zimride現有的長途共乘業務黯然失色，成為其主要收入來源和公司的發展重點。Zimride在2013年3月改組為Lyft，然後在同年7月，將Zimride原有業務出售給汽車租賃巨頭Enterprise。[9]

在同一期間，Sidecar的情況持續走下坡：2013年，Uber推出自己的點對點共乘服務。總部位於舊金山的Uber自2010年開始營運，當時Uber只是使用智慧型手機應用程式，要求並支付高檔叫車服務的一種方式。到2012年年中Sidecar推出服務時，Uber已擴展到美國十七個城市。其商業模式與Sidecar和Lyft的不同之處在於，當時Uber跟計程車和出租車服務合作，因此本身司機是專業司機，其中包括2012年7月推出的低價UberX服務。Uber發現來自Sidecar和Lyft的威脅，因為這些對手使用非專業司機，可以降低執照和保險等費用支出，就能降低車資，Uber不得不做出回應。同年9月，Uber執行長崔維斯．卡蘭尼克（Travis Kalanick）告訴一名採訪者：「如果有人在那裡，並且在供應方面取得競爭優勢，那就是一個問題。我不會對此坐視不管……。」對方問：「Uber最初是從高檔服務起家，問題是您可以建構低成本的Uber嗎？Uber也必須成為低成本的Uber。」[10]2013年4月，Uber宣布將開始在Sidecar和Lyft營運的城市，使用擁有私人汽車的非專業司機提供共乘服務，並於當年夏天開始以UberX的名稱推出該平台。

儘管擁有先發制人的地位，Sidecar的擴張速度卻比競爭對手慢得多，最終還被擠出市場。在缺少競爭的情況下，Sidecar的策略可能會奏效，但是對手瘋狂的成長速度，尤其是Uber的瘋狂成長，消除Sidecar的先發優勢。到2015年年中，Uber已經將業務擴展到全球三百個城市，並跟一百萬名司機簽約，其中包括美國有超過十五萬名活躍的UberX司機，並聲稱業務覆蓋美國人口的75%。[11] Lyft的業務已擴展到六十五個城市，到2015年3月，在全美各地有十萬名司機。[12]

隨著Uber和Lyft進入市場，司機彼此之間的競爭變得異常激烈。Uber和Lyft都積極招募司機，為從其他共乘平台（包括Sidecar）轉靠行的司機提供高達500美元甚至1,000美元的現金補貼。另外，司機若成功推薦其他平台的司機加入，還可以獲得獎金。乘客首次搭乘可獲得積分，而推薦其他乘客則獲得額外積分。Uber和Lyft都會定期降低車資以吸引乘客，儘管兩家公司聲稱，增加乘車人數可以彌補降低車資造成的司機收入縮水，但他們也採取其他措施，避免在降低車資時導致司機流失。比方說，當Uber在2014年1月將車資調降20%時，也將每次乘車收取的佣金比例從20%降至5%，直到同年4月才將佣金抽成恢復成20%。Lyft緊隨其後，於2014年4月將車資調降20%，並將佣金降到零。對司機不時地補貼，增加Uber和Lyft的可用司機數量。

Uber和Lyft都在追求積極成長策略時在財務上蒙受損失，

並為尋找和更換司機付出龐大的代價，比方說，如同我們在第三章所述，Uber在2017年儘管總收入高達370億美元，但也虧損了45億美元。雖然Lyft和Uber在本身進攻策略中，都以彼此為主要對象，但Sidecar卻也捲入雙方的交戰。Sidecar試圖與競爭對手的一些策略較勁，以吸引更多司機使用其平台。在2015年年初，Sidecar為新司機提供100美元獎金，在某些市場上將佣金降至零，並為週五和週六夜間搭車尖峰時段，提供每小時最低工資和獎金的保證。[13]但是Sidecar沒有雄厚資本，跟競爭對手進行規模龐大的競爭，一旦Sidecar在招募司機和乘客方面落後了，網路效應就會讓Sidecar在這場競爭中難以勝出。

Lyft和Uber之所以能夠維持積極成長的策略，是因為他們籌募數十億美元的股本，相較之下，到2015年年底，Sidecar僅籌募3,900萬美元，也就是Sidecar宣布於2015年12月暫停營運時，創辦人保羅所說的「在資本上有重大劣勢」。[14]他後來寫道：「Sidecar帶給我們的省思是，我們比Uber更創新，卻未能贏得市場。我們失敗了，有很大的原因是，Uber願意不惜一切代價獲勝，而他們確實擁有無限資金可以這麼做。」[15]稍早，Sidecar在2015年8月宣布，決定從共乘服務「轉型」到當日運送服務時，保羅還提及以相對較少的資金吸引司機和乘客所面臨的挑戰：「我們沒有籌募足夠的資金。打從一開始，對手的口袋就比我們深很多。在這個類別，獲取顧客和司機的成本非常高。在進行宣傳活動（對手給司機500美元獎金或給乘客20美元的乘車優惠）時，跟我們一般只給司機5美元的優惠相比，結果當然有天壤之別。」[16]

Sidecar在籌募資金方面無法跟上Uber和Lyft，是策略上的失誤：管理階層誤判競爭情勢，誤解平台供應方（司機）的關鍵作用，也沒有領悟網路效應的邏輯。Sidecar特意奉行保守的緩慢成長策略，以期對財務負責。如同一位早期投資者所言：「對於大多數公司來說，現在面臨的問題是籌集太多資金，而且估值過高……Sidecar在這方面總是謹守分寸。」[17]也許Sidecar的致命缺陷是，沒有意識到吸引平台兩邊（司機和乘客）的重要性。Sidecar專注於本身的創新動力，而且是率先推出幾項新功能的平台，諸如叫車時輸入目的地、共乘、讓司機自訂車資這種市集模式。但是，這表示Sidecar用於吸引司機和市場以建立出色平台的資金，比競爭對手來得少，如同一位分析師所說：「Sidecar比較像是一家技術公司，而不是一家行銷公司。它的功能集都堪為楷模，可惜這家公司沒有運用相同的才智創造市場占有率。」[18]

儘管Sidecar被Uber打敗，保羅還是對競爭對手表達敬意：「在某些方面，我為Uber感到高興。他們能夠進行共乘創新，將其重新命名為UberX，然後讓這項事業得以成長擴展，這顯然是我們或Lyft都無法做到的。這件事顯示出，我們的構想確實行得通，即使最終由其他人落實這個構想，我們仍然為此感到自豪。」[19]

當然，最後贏家是誰，還有待商榷。Uber、Lyft和其他嚴重依賴司機與乘客補貼的共乘平台，仍會繼續廝殺下去。除了巨額開銷和財務損失外，Uber還必須因應新的法令，諸如最低工資及規範司機人數。比方說，在2018年8月，紐約市議會投票決定在一年內停止發放共乘公司的新牌照，此外紐約市還實施一些規定，以確保共乘業者支付司機最低工資。計程車司機和共乘司機的收入低，再加上計程車牌照價值下跌，讓計程車司機和共乘司機生活困頓，有六名計程車司機因此自殺。Uber抵制新規定的策略是，說服Lyft和計程車行的司機投靠Uber。目前還不清楚這項舉動會產生什麼作用。[20]

長遠來看，Uber遵循的策略似乎跟亞馬遜最初的策略雷同：盡可能迅速擴大規模，借助相同平台之力繼續成長或多元發展相關業務，然後再擔心利潤。在2018年12月，Uber還提交文件準備首次公開發行股票，初步定於2019年年初籌集更多現金。[21]如果傳統計程車公司和規模較小的平台競爭對手破產或倒閉，如果Uber繼續放棄最無利可圖的事業（如海外市場），那麼Uber總有一天可能轉虧為盈。但目前Uber缺乏像Amazon Web Services這種真正獲利的部門，來彌補本身龐大的補貼和營運費用，這讓Uber難以實現獲利能力。

互不信任，尤其是交易平台

正確定價始終很重要，但是儘管在任何平台上都必須獲得正確的價格，這樣做卻還不足以獲致成功。交易平台還需要彼此可能認識或不認識的雙方或多方參與者進行連結。在這種世界裡，**建立信任**至關重要，比方說，臉書和LinkedIn試圖透過朋友或商業夥伴跟你建立聯繫，從而建立信任。許多電子商務平台都試圖藉由評價系統、支付機制或保險來建立信任。在缺乏互信的情況下，平台上的參與者就必須放手一搏。

Sidecar是一家新創公司，這有助於說明該公司為何沒有察覺出一項重要的平台動態，但是eBay就沒有那麼多藉口可以犯錯，尤其在中國。eBay是新時代電子商務平台公司的典範：它是在世紀之交崛起的電子商務平台領導者。在2002年時，eBay是世界上最大的線上拍賣網站，並且是用戶在網站上花費時間排名第三的網站。[22] 2002年，eBay創造12億美元的商品銷售收入，網站交易總價值達到150億美元，同年年底，該公司報告其網站上有將近六千二百萬名用戶，網站上銷售的物品超過六億三千八百萬項。eBay市值超過210億美元。[23]

然而，eBay進入中國卻是領頭業者再次失敗的經典實例。一切全要怪罪eBay當時執行長梅格·惠特曼（Meg Whitman），她從1999年開始將eBay的業務往國際市場拓展。到2002年，她把目光轉向中國，以3,000萬美元的價格，購買中國消費者拍賣網站易趣（EachNet）三分之一的股權，隔年又以1.5億美元收購其餘股權。惠特曼將這家公司更名為eBay EachNet。易趣成立於1999年，在風格和內容上或多或少模仿eBay，而在被收購時，它以80%的市場占有率，主導中國線上拍賣市場（參見圖4-1）。

由於eBay成功為美國拍賣市場打下基礎，eBay EachNet似乎準備在中國做同樣的事情。該公司在迅速成長領域占有主導

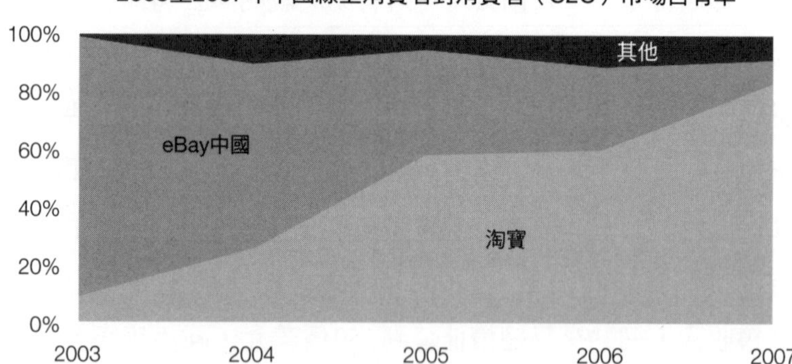

圖4-1：2003至2007年中國線上消費者對消費者市場占有率

資料來源：彙整自 iResearch data, various years, http//www.iresearchchina.com/content/details8_19183.html, accessed August 1, 2018。

地位。此外，惠特曼將中國視為公司的發展重點，並於2005年2月指出「在中國市場的領導地位將成為全球領導地位的決定性特徵」。後來她對《時代》（*Time*）雜誌表示：「中國是獨一無二的。中國正在迅速發展，並具有龐大的潛力，這就是為什麼我們將其作為公司優先事項。」[24]到2006年年底，eBay已在其中國業務上投資3億美元，基本上eBay已經承認失敗，並將中國線上市場拱手讓給主要競爭對手。

為什麼領頭業者eBay失敗了？跟Sidecar一樣，故事要從競爭和正確定價開始講起。當eBay進入中國時，阿里巴巴是中國電子商務界的最大參與者。阿里巴巴成立於1999年，跟eBay一樣是線上市場。阿里巴巴並未擁有庫存和出售庫存，而是促進第三方買家和賣家的交易，並從每筆交易收取佣金。阿里巴巴跟eBay的不同之處在於，阿里巴巴專注於企業對企業的交易，為中國中小企業提供一個平台，而eBay主要專注於消費者對消費者的市場。儘管有區別，但阿里巴巴執行長馬雲認為eBay進入中國是對阿里巴巴業務的一大威脅，他意識到網路上企業對企業和消費者對消費者等電子商務之間的區別是模糊的。如果eBay在消費者對消費者市場站穩腳步，對於小企業來說，就會將自家商品刊登在eBay上，賣給消費者和其他小企業。那麼，eBay蠶食阿里巴巴的生意，就只是一步之遙。

為了回應eBay帶來的挑戰，馬雲和阿里巴巴決定正面迎擊這家美國公司，在對手的消費者對消費者市場上推出名為淘寶的拍賣網站。起初，這兩個拍賣網站在許多方面都相同，實際上，淘寶的第一個網頁是直接複製eBay的設計，但是阿里巴巴很快就轉型，並認清無法靠模仿產品贏得平台戰爭。也許馬雲的第一個關鍵決定是，讓淘寶為買賣雙方免費提供服務。跟eBay不同，淘寶不收取上架費或佣金，馬雲願意先不透過淘寶賺錢，由阿里巴巴的其他事業資助現金，讓淘寶先專心搶攻市場占有率；而eBay至少一開始遵循原本對每筆交易收取上架費和佣金的模式。此外，淘寶沒有強調拍賣模式，而是直接銷售：只有10%的商品是拍賣；而eBay EachNet的拍賣商品則占40%。[25]引述阿里巴巴一位高階主管所言，阿里巴巴的淘寶認清：「我們發現客戶真正想要的，只是一個銷售自家產品的店面。」[26]還有另一個區別：雖然eBay最初不讓買賣雙方直接互動（也許擔心買賣雙方離線交易，避免支付eBay的佣金），但淘寶鼓勵買賣雙方互相溝通，並在網站上增加即時通訊功能，讓買賣雙方建立互信。

為了讓任何交易平台成功，信任是不可或缺的要素。線上支付是另一個產生差異的重要領域，2004年，阿里巴巴推出自己的線上支付系統支付寶（Alipay），類似於PayPal（eBay在進入中國市場前不久，就收購PayPal），但跟PayPal不同，支付寶使用託管模式。在交易時，資金將進入第三方託管帳戶，並僅在買方收到並檢查購買物品後才將款項轉給賣方，這在信任和安全成問題的文化中是很重要的。此外，在只有一小部分中國消費者擁有信用卡的情況下，支付寶還跟知名銀行和**中國郵政儲蓄銀行**建立合作夥伴關係。如此一來，沒有簽帳卡或信用卡的客戶就可以利用中國郵政在全國六萬六千個據點，將現金存進支付寶帳戶。[27]同時，支付寶還利用了「中國資方的支付處理系統比較不會受到中國政府監管的諸多限制」這個事實。[28]

儘管eBay擁有眾多優勢，包括擁有雄厚的資金、全球電子商務平台、易趣是中國領先的線上消費者對消費者拍賣網站，但到2005年，淘寶在各項指標上都超過eBay。到2005年8月，中國每一百萬名網路用戶中，有一萬五千八百名為淘寶用戶，而eBay用戶不到一萬名。[29]淘寶的用戶滿意度77%，也比eBay的用戶滿意度62%來得高。[30]2005年第一季，淘寶的商品交易總額（gross merchandise volume，簡稱GMV）首度超過eBay，以1.2億美元超越eBay的9,000萬美元。這可是淘寶的一大勝利，畢竟在2004年年初時，eBay商品交易總額還是淘寶的十倍。[31]

eBay在2005年8月遭到進一步的打擊，當時雅虎投資阿里巴巴10億美元，並將其在中國的業務交由阿里巴巴接管，以換取阿里巴巴40%的股份。此次注資顯然強化阿里巴巴與eBay對抗的實力，部分原因是雄厚的資金讓阿里巴巴能夠繼續提供淘寶平台的免費服務。當時eBay誓言繼續奮戰，惠特曼稱中國為「eBay的理想市場」。[32]然而到2006年3月，淘寶已成為中國線上消費者對消費者市場的領導者，擁有67%的市場占有率。阿里巴巴執行長馬雲宣布，「競爭已經結束」。[33]幾個月後，eBay承認失敗，在2006年12月，eBay退出中國，關閉其中文網站，同時與香港入口戶網站TOM在線（TOM Online）成立一家合資公司，該公司在2010年時，在中國市場的市占率不到10%。[34]

為什麼eBay在中國失敗了？回想起來，跟淘寶相比，eBay似乎做錯很多事。比方說，eBay將易趣整合到本身全球平台和全球品牌識別中，再現eBay網站的外觀和風格，並拿掉中國消費者喜愛的本地化功能。中國消費者似乎偏愛淘寶琳瑯滿目的外觀，認為eBay的網站過於樸素和簡約。[35]eBay也未能賦予當地高階主管足夠的權力，當地高階主管抱怨加州管理高層不聽他們的意見，直接從聖荷西下令，而不是信任本地領導階層。[36]eBay還積極行動，與中國最大入口網站簽署獨家合作協議，有效關閉淘寶在這個入口網站的連結。但事實證明，馬雲和淘寶依靠電視、平面廣告、廣告看板、簡訊網站和口耳相傳，以更有效且更低成本的方式，將用戶吸引到淘寶。[37]誠如馬雲在2004年所說：「eBay和國際公司進入中國的成本很高。他們花1億美元，我們花1,000萬美元，但效果卻一樣。」[38]

儘管這些失敗中有許多是全球擴展的症狀，但是從eBay在中國的經歷學到的最大教訓是，認清許多失敗平台會犯的通病。正如eBay中國執行長在一次訪談中向我們承認的那樣，「eBay在中國面臨唯一且最大的問題是信任」。開發新平台需要買賣雙方互相信任，成功的平台會建立解決此問題的機制。eBay依賴PayPal，但PayPal最初的運作方式跟美國一樣：它設計為一種付款系統，跟銀行非常類似，對於不熟悉電子商務的中國消費者來說，這種做法是有所欠缺的。由於支付寶使用託管模式（直到消費者滿意才付款），以及利用現有的金融系統，因此淘寶抵消eBay的先發優勢。

最後，eBay未能「正確」定價，無法免費提供平台服務，這一點也是導致失敗的關鍵。如同eBay亞太區董事總經理李在現（Jay Lee）在幾年後所言：「要跟免費競爭，實在很難。」[39]在2006年年初，eBay確實開始提供免費的商品刊登，並將託管服務整合到PayPal中，但一切為時已晚。阿里巴巴已迅速成為消費者在線上購物的預設網站，吸引更多供應商，也吸引更多消費者，換句話說，網路效應開始發揮作用。到最後，eBay在中國的經驗似乎驗證阿里巴巴執行長馬雲最喜歡的一句格言。在談到eBay和雅虎等西方網路巨頭時，馬雲曾說：「他們是大海裡的鯊魚，我們是長江中的鱷魚。他們在長江跟我們交戰就會遇到麻煩，因為水的氣味是不同的。」[40]

傲慢或不把競爭當一回事

在平台市場的參與者中，存在這種常見的誤解：一旦市場對你有利，你將成為長期贏家。這種講法通常沒錯，但對於已經出現傾斜的市場，更好的看待方法是：**贏家有可能失敗**。傲慢，加上過度自信與自大，就是贏家鑄成大錯的一些特質。即使在看起來像贏家通吃的市場中，也可能造成重大失敗。

1998年，我們寫了《誰殺了網景》這本書，探討網景這家在早期擁有壓倒性市場占有率的領頭企業，如何在瀏覽器之戰中輸給微軟。瀏覽器是典型的創新平台：網站管理員必須優化其網站，以利用瀏覽器的關鍵功能，而應用程式開發人員則利用瀏覽器的應用程式介面。當網景的市場占有率從1996年高達90%，到後續幾年下降到幾近為零，而微軟的Internet Explorer到2004年時市場占有率將近95%時，大多數權威人士宣稱瀏覽器之戰已經結束，市場已經傾斜，微軟贏了。要讓微軟失去市場，就要等微軟搞砸一切，而事實就是這樣。

也許好消息是，微軟花了將近十年的時間才失去瀏覽器的霸主地位。微軟的失敗分為兩個階段：2004年到2008年這段期間，產品執行情況極差，然後在2008年到2015年之間，進行的產品創新又不夠好。

Internet Explorer和Firefox在2004年到2008年之間的發展：微軟在2004年的瀏覽器競爭中，奪下95%的市場占有率後，主要對手成為Mozilla公司開放原始碼專案研發的Firefox瀏覽器。Firefox起源於網景在1998年初將Navigator的原始碼提供給任何想要下載和修改它的開發者。儘管網景開放原始碼的決定在某種程度上等同承認失敗，但也代表網景努力確保使用者除了選擇Internet Explorer瀏覽器外，還有其他可行的替代方案。Mozilla啟動這個專案時，《網路世界》(*Network World*)雜誌這樣說：「網景免費開放原始碼，在微軟主導的瀏覽器市場中，創造一個讓市場持續競爭的必要條件。」[41]

網景表示，在開始提供原始碼的兩週內，下載次數就超過二十萬次。開發人員主要專注於讓軟體適應不同的作業系統、修復錯誤和提高安全性，隨著大量開發人員使用該原始碼，預期這些改善將會迅速發生。[42] Mozilla於2002年6月推出首款瀏覽器，它具有諸如標籤式瀏覽、選擇字詞在網路搜尋所選文本、儲存常用資訊自動代入表格的功能。[43]

Mozilla於2004年9月發表Firefox，真正掀開下一回合的瀏覽器大戰。為避免軟體膨脹和性能問題，替Mozilla非營利基金會工作的兩名開發人員，在2002年下半年開始使用Firefox瀏覽器，目標是生產一個獨立的瀏覽器，這個瀏覽器將更快、更簡單也更安全。Firefox問世後，迅速蠶食Internet Explorer的市場占有率，一位消息人士表示，截至2004年11月底，Firefox在瀏覽器市場拿下4.5%的市場占有率，而Internet Explorer的市場占有率減少5%，下降到89%。[44]到2007年年底，Firefox的市場占有率達到17% ，而IE則為76%。[45]為什麼微軟的瀏覽器市場占有率下滑得這麼快？

在2004年下半年，《電腦世界》（*Computerworld*）寫道：「由於市場上沒有強勁的競爭對手，微軟停止對IE瀏覽器的開發。新版本不時出現，但是IE提供開創性新功能已經是好幾年前的事。在此同時，其他瀏覽器的開發一直持續進行，許多人認為這些瀏覽器在性能、安全性、易用性、附加功能，甚至技術支援方面都勝過IE。」該雜誌接著宣布，微軟IE的所有競爭對手，包括Firefox、Navigator和Opera都具有更多功能也更安全，而且可在更多不同的作業系統上使用。該篇報導指出，在頁面載入速度方面，其他瀏覽器全都「比IE快很多」。[46]

實際上，微軟將其瀏覽器霸主地位視為理所當然。IE 6於2001年發布，接著除了針對錯誤和安全性漏洞新增修正程式外，一直到2006年才推出新版本，等於自己幫競爭對手敞開大門。安全性是一個特殊問題：駭客和安全專家不斷發現IE

的漏洞，微軟後續也發布修補程式以修復漏洞，結果又發現新的漏洞。一個問題是，微軟已經將IE整合到作業系統中，讓瀏覽器能夠執行Windows程式碼，這種整合讓建構具有更豐富功能的網頁應用程式成為可能，但不利的一面是，這樣做為駭客創造很多機會，能在用戶電腦上執行病毒和其他形式的惡意軟體，引發「資訊技術組織的安全噩夢」。[47]安全性成為一個問題，美國電腦緊急應變小組（U.S. Computer Emergency Readiness Team）注意到，IE的重要組件「整合到Windows作業系統中，以至於IE的漏洞經常為攻擊者提供對作業系統的重要存取權限」，建議大家使用其他網頁瀏覽器來減少漏洞。[48]《個人電腦世界》（*PC World*）雜誌在2006年宣布，IE 6「可能是地球上最不安全的軟體」，它在史上二十五大最爛科技產品中名列第八。[49]

微軟承認，未能好好管理自家瀏覽器。IE團隊負責人在2006年3月指出：「我想釐清一件事：我們搞砸了。我們搞砸了。誠如我們對瀏覽器的承諾一樣，我們只是沒有把示範說明的工作做好。」蓋茲還承認，微軟在瀏覽器新舊版本更新間隔太久。[50]微軟的回擊是，加快IE 7的開發速度。儘管Firefox在2006年發布，但仍持續占有一席之地，在2009年年底的市場占有率約為32%，而IE的市場占有率則下降到56%。Firefox的市場占有率在接下來的一年左右維持不變，然後開始緩慢下降，到2018年年初，市場占有率只有5%。但是Firefox流失的市場占有率並不是由IE接收，隨著Google的Chrome瀏覽器在2008年年底推出，這個新競爭者的出現，讓瀏覽器之戰進入新的階段。

Google Chrome在2008年到2016年之間的發展：Google在2008年9月推出Chrome。Chrome逐漸在市場上引起注意，很快開始成為IE和Firefox的勁敵，將瀏覽器之戰變成三方角力。從一項指標來看，使用Chrome的總網路流量在2011年年底超越Firefox，並在2012年年中超過IE。其他用戶衡量標準顯示，Chrome在2014年年中超越Firefox，並在2016年年初與IE不分軒輊（詳見圖4-2）。[51]

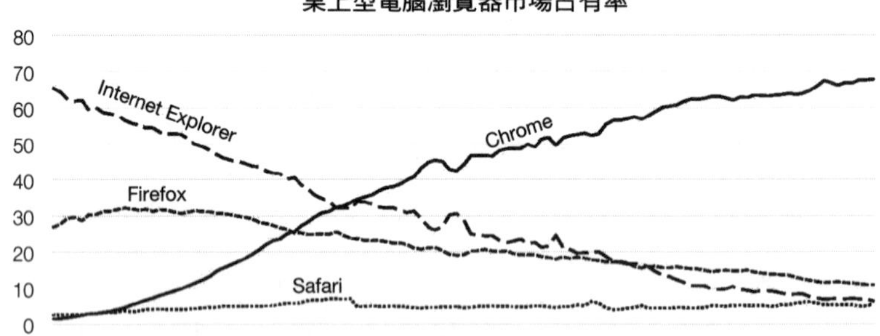

圖4-2：2008至2016年桌上型電腦瀏覽器市場占有率（依網頁總瀏覽量衡量）

資料來源：彙整自StatCounter Global Stats, http://gs.statcounter.com/, accessed April 19, 2016。

這股趨勢很明顯：Chrome推出後的幾年裡，迅速奪取Firefox和IE的市場占有率。Google發布第一個版本時，誇耀本身開發一個新的JavaScript引擎，該引擎的JavaScript程式碼執行速度是競爭對手瀏覽器的十倍。《連線》（*Wired*）雜誌在2008年9月報導說，針對第一版Chrome進行一些基準測試，結果Chrome比Firefox和Safari快十倍，比當時IE 7版本快五十六倍。[52]沒錯，五十六倍！Chrome還開發一種多工架構，這表示瀏覽器每開一個分頁或外掛程式，都視為個別作業，因此如果某個網頁或應用程式當掉，也不會讓整個瀏覽器也掛掉。此外，Chrome被沙盒化〔譯注：在電腦安全領域，沙盒（sandbox）是一種安全機制，為執行中的程式提供隔離環境。Chrome中的每個標籤頁都是一個沙盒，以防止「惡意軟體破壞用戶系統」或「利用分頁影響其他分頁」〕，也就是在瀏覽器中執行的程式碼無法存取底層作業系統，因此減少了困擾IE的安全威脅。Chrome也是第一個將搜尋功能整合到地址欄，並具有更簡約和簡化外觀的瀏覽器。Chrome的快速開發週期，表示能更快推出新功能和修補程式（Chrome在2012年年初發布第十七個主要版本，當時IE只推出到第九個版本，Firefox為第十個版本，儘管他們更早進入市場）。Chrome的自動更新程式（《連線》雜誌稱之為「可靠、一致又有效」）致力於將絕大多數用戶迅速轉移到當前版本。比方說，《個人電腦世界》雜誌於2012年2月宣布，Chrome是最佳瀏覽器，理由是它在載入頁面和執行JavaScript和HTML5程式碼方面的速度、安全性以及能附加元件和擴充套件等擴展功能的可用性，都比其他瀏覽器更優異。[53]

是什麼原因讓Chrome快速崛起，讓IE迅速沒落？一個原本已經傾斜的市場，如何被顛覆？當微軟贏得第一回合的瀏覽器大戰時，提供最好的產品，然後利用Windows的市場力量建構最好的瀏覽器平台，並將競爭對手趕出市場。微軟以為自己贏得勝利，消除競爭對手的威脅，就開始疏於創新，先後為Mozilla和Google創造機會。在IE更新速度慢又有漏洞，加上安全性差而惡名昭彰時，Chrome提供較快的速度、更高的安全性和穩定性，以及快速開發週期（讓Chrome能夠迅速將修補程式和新功能問世）。[54]我們可以從微軟的落敗學到以下這個教訓：儘管網路效應非常強大，但並不能保證贏家能穩坐龍頭寶座。微軟花了很長的時間邁向失敗，但微軟確實失敗了。

錯失時機或無法在市場對哪一邊有利前先採取行動

也許**錯失進入市場的時機**，是導致平台失敗的最典型模式。在瀏覽器大戰中，後進者能夠建構強大的平台，但這主要是因為既有的失敗所致，如果網景採取不同做法，就可能在微軟Internet Explorer的衝擊下倖存，然後如果微軟保持Internet Explorer的競爭力，那麼Firefox和Chrome可能無法建立可靠的競爭平台。

智慧型手機市場就是一個典型實例，說明**進入時機太晚**時，即便有一流的產品和全球所有資源，仍然可能導致平台市場的失敗，這次，微軟又是失敗的代名詞。2017年，儘管十年來進行數十億美元的投資，但微軟的Windows Phone已經吹熄燈號。這款智慧型手機錯過建構平台的大好時機，從此無法挽救頹勢。

當蘋果在2007年7月發表iPhone時，智慧型手機作業系統平台市場上，已經有幾個老前輩對手，包括微軟、Research in Motion公司的黑莓機、諾基亞的Symbian。2007年時，諾基亞是智慧型手機市場的領導者，占該年智慧型手機銷售量的63%以上，當時微軟擁有12%的市場占有率，而黑莓機則有10%的市場占有率。iPhone以當時外界還不完全理解的方式，徹底改變智慧型手機市場，讓那些市場老將奮力追趕，結果是這些老將最後都戰死沙場。到2014年，Symbian消失了，黑莓幾乎退出市場，其市場占有率只剩下千分之一。蘋果的iOS取得手機市場的大部分利潤，但在2015年僅占手機銷售量的15%。

在全球智慧型手機平台競賽中，市場占有率的贏家顯然是

Android，這是Google在2008年推出的開源行動平台。Google在2007年年底發布Android時，當時智慧型手機平台的領先業者們並沒有意識到這個勁敵，諾基亞發言人說：「我們不認為這是威脅。」Symbian策略負責人告訴路透社（Reuters）：「我們已經進行九年，可能已經看到十多個新平台出現，也知道我們正在遭受攻擊。我們認真看待此事，但我們擁有優異的手機、優異的手機平台，以及多年來累積的大量產品。」微軟Windows Mobile專案的一名高階主管同樣不把這個挑戰當一回事：「聽起來他們確實投入大批人力打造手機，這是我們五年來一直在做的事情。我不清楚他們將產生什麼影響。」[55]結果，事實證明Google的Android對智慧型手機市場產生相當重要的影響。Android在2018年占全球市場的80%以上，顯然是智慧型手機的主要平台。智慧型手機作業系統之戰，變成Android和蘋果公司iOS雙方角力的拉鋸戰，與其他平台（包括微軟的平台）毫無關係。

iPhone的影響與Android的出現，一起讓手機發展進入嶄新的階段，讓微軟措手不及。iPhone發表幾個月後，微軟執行長史蒂夫．鮑爾默（Steve Ballmer）在一次為人熟知的採訪中表示：「iPhone不可能拿下舉足輕重的市場占有率。沒有機會。」[56]微軟沒有察覺到嚴重威脅，花了整整三年的時間，才發表Windows Phone 7，這是微軟首次進入後iPhone時代，對觸控螢幕式智慧型手機用戶介面的一項嘗試。到2010年發表新的Windows Phone時，iOS和Android已占據全球智慧型手機市場將近40%的占有率，到2011年這個數字則超過65%。儘管Windows Phone 7的評價很高，而諾基亞也決定放棄Symbian，跟微軟攜手建構第三個智慧型手機生態系統，但一切為時已晚。智慧型手機平台市場已經傾斜，往穩定的雙頭壟斷發展，使得第三個可行平台難以出現。

Windows Phone 7的初期評價都很高，科技新聞資訊網站Ars Technica表示，Windows的新面貌「讓iOS顯得有些過時，也令Android讓人感覺很雜亂無章」。[57]《個人電腦雜誌》(*PC Magazine*）表示，Windows Phone 7是「令人印象深刻之作」，具有「美觀的新設計」和「強大的Office生產能力以及Zune（微軟的數位媒體平台）的娛樂功能」。該雜誌預測，微軟這款新手機對iPhone的銷售量不會有太大影響，但對「Android雜亂無章的用戶體驗將構成更大的威脅」。[58]消費性電子產品新聞和評測網站Engadget針對Windows Phone 7做的評測結果是，「以一種依據作業系統、更快速又出色的方式運作，絕佳的Office和電子郵件體驗，以及真正漂亮實用的用戶界面，微軟無疑為本身在未來幾年行動平台競爭中奠定基礎」。[59]

Windows Phone OS後續推出的版本持續受到好評，其流暢快速的性能、用戶界面、IE的網頁瀏覽功能都受到讚許。《連線》雜誌給予Windows Phone 8（於2012年10月發表）八分的高評價（滿分為十分），宣稱「第三個行動平台終於來了」。美國科技新聞媒體*The Verge*的一名評論員認為：「Windows Phone 8擁有最棒的主螢幕，是將現有主要平台的靈活性、設計和簡潔做出完美組合，這樣講一點也不誇張。」[60]

Windows Phone於2010年推出後獲得各界好評，也讓業界觀察人士有樂觀看待的理由。一名評論員指出，在2010年時，大多數手機用戶還不是智慧型手機用戶，因此存在一個尚未開發的龐大市場，用戶尚未採用iOS或Android，因此微軟有機會讓Windows Phone贏得消費者的青睞。如同一位評論員所說：「沒錯，微軟比較晚加入這場競賽，但這場競賽才進入初期階段。」[61]

當諾基亞（當時是全球最大的手機製造商）在2011年決定放棄本身的Symbian作業系統，並將其設備採用Windows Phone的作業系統時，微軟的行動平台由此獲得另一個潛在動力。諾基亞執行長史蒂芬·埃洛普（Stephen Elop）預測，Windows Phone將成為僅次於iOS和Android的第三個可行的整合生態系統：「如今，開發人員、電信業者和消費者都希望取得引人注目的行動產品，這些產品不僅包括設備，還包括能創造絕佳體驗的軟體、服務、應用程式和客戶支持。諾基亞和微軟將結合本身的優勢，提供影響力和規模遍及全球的生態系統。現在，行動作業系統平台的競爭是三方角力之戰。」[62] 有些人認為這個合作夥伴關係可能會逆轉Windows Phone的頹勢：「Windows Phone 7沒有受到市場青睞。但現在，微軟已經有一家主要供應商承諾使用該平台。」[63]當時，Windows Phone在智慧型手機作業系統市場，大約擁有2%的占有率[64]，市場研究公司國際數據資訊（IDC）預測，Windows Phone的市場占有率將在2015年達到20%，超過iOS，成為僅次於Android的第二大行動作業系統。[65]另一家市場研究公司Pyramid Research則認為，Windows Phone將成為市場占有率的贏家！[66]

結果，這些預測都沒有成真。為了讓Windows Phone的銷售起死回生，微軟甚至在2013年以72億美元的價格收購諾基亞的設備業務。兩年後，微軟被迫註銷這次收購的全部價值。[67]儘管與諾基亞的合作夥伴關係和對諾基亞的收購，代表微軟嘗試效法蘋果公司iPhone，採取將硬體和軟體整合的模式，且微軟仍繼續授權Windows Phone給其他供應商。但不出意料之外，三星、宏達電和LG等主要手機廠商，幾乎沒有針對Windows Phone平台做任何努力。到2015年底，Windows Phone的銷售量暴跌，市場占有率跌至不到3%。

為什麼在世界上最大手機製造商的支持下，一款出色的產品卻如此慘敗？答案是：基本上，平台競爭與產品競爭是不同的。同前所述，在平台市場上，最終的贏家往往是**最好的平**

台，而不是最好的產品。Google的Android已經吸引大多數手機製造商、應用開發商和用戶，而蘋果公司在用戶和應用程式開發人員中，也獲得極高的忠誠度。在現有用戶（Apple和Google）的積極推動之下，受到用戶數量和優質互補產品驅動網路效應的強大支持，而微軟起步較晚，在用戶數和應用程式開發能力方面都難以趕上，從一開始就注定微軟終將在這場競爭中落敗。

一個長期存在的挑戰是，跟iOS和Android相比，Windows Phone應用程式相對匱乏，品質也較差。正如《個人電腦雜誌》在2010年指出的那樣：「這場競賽正轉移到應用程式上。Windows Phone 7問世時只具有基本功能，但蘋果公司在這方面本來就一馬當先，而Android擁有龐大的市場占有率可能會吸引更多應用程式開發商。如果Windows Phone可以吸引來自Android的第三方開發人員，就可能消耗Android平台的部分精力。」[68]品質也是一個問題，雖然Engadget對Windows Phone 7做出好評，但報告指出，對於在該平台執行的許多應用程式，「與其他平台上的相同應用程式相比，結果似乎不如人意」，並做出結論說：「Windows Phone作業系統顯然需要時間才能發展完備，開發人員必須更加努力，讓本身應用程式在競爭中達到標準。」這篇報導最後總結道：「現在，Windows比市場領導者晚了好些年，儘管微軟正盡其所能讓該平台發揮作用，但顯然他們還沒有達成目標。」[69]兩年後，Windows仍在努力追趕。

一個簡單不過的事實是，開發人員可以透過為iOS和Android開發應用程式，在智慧型手機市場取得90%以上的占有率。至於市場占有率不到3%的平台，應用程式開發人員根本不值得花時間和精力，正如一位分析師在2012年所言：「哪裡有錢賺，程式開發人員就往哪裡去，而哪裡人多，就有錢可賺。」[70]為克服這項挑戰，微軟有時會付錢給應用程式開發人員，請其為Windows Phone編寫應用程式。2012年時，每支應用程式的成本估計在60,000美元到600,000美元不等，比方說，微軟在2012年自行出資，開發Windows Phone版本的社群網路應用程式Foursquare。當時，微軟可能別無選擇，如同Foursquare的業務開發負責人所說：「我們的資源非常有限，我們必須將資源投入最有利可圖的平台上。」[71]

具體來說，Windows Phone應用程式的數量在2010年啟動後迅速成長，從Windows Phone 7啟動時只有一千個應用程式的基礎來看，該平台在2011年與諾基亞達成協議時，應用程式數量已成長到八千個；在Windows Phone 8於2012年推出時，應用程式數量已超過十萬個，到2014年底時則超過三十二萬個。儘管應用程式數量積極成長，並建構出有潛力的混合平台，Windows Phone生態系統仍然遠遠小於競爭對手，到2014年年底，Android和iOS分別擁有一百四十萬和一百二十萬個應用程式。雖然龐大的應用程式本身是一個主要問題，但流行應用程式的可用性更為重要，舉例來說，儘管當時Instagram的iPhone版本已經推出兩年，而Android版本已經推出六個月，但在Windows Phone上卻無法使用Instagram。一位評論員做出這樣的結論：「這並非表示Windows Phone的應用程式商店什麼東西也沒有，而是雖然有超過十二萬個應用程式可用，但卻都不是你想要的。」[72]

許多大眾喜愛的應用程式，在iOS和Android等手機上使用好一段時日後，Windows Phone才有同款程式的版本可用。音樂流媒體服務Pandora在iOS上首次啟動後，經過四年多的時間，Windows Phone才有同款程式可用。Uber這款叫車應用程式問世四年後，才發布Windows Phone版本。社群網站Tumblr在問世三年後，才推出Windows Phone版本，而音樂流媒體服務Spotify則是在問世兩年多後，才推出Windows Phone版本。廣受歡迎的行動通訊軟體Snapchat於2011年年中首次啟動，直到2016年年初才為Windows Phone提供授權版本。以上僅列舉其中一部分應用程式做說明。[73]

到2017年，Windows Phone在市場上已經無足輕重，如同一位分析師描述的那樣：「Windows Phone已死，Lumia會消失。但是微軟已經往『新領域』移動，如雲端服務。」[74]

管理者和企業家該熟記的重點

在本章中，我們討論平台企業犯下的四個最常見錯誤。這些失敗起因於：定價不當和補貼不足，無法發揮網路效應；沒有與平台用戶建立足夠的信任；沒有密切留意競爭對手；沒有可行的策略，或理解市場為何傾斜及如何改變現狀，就貿然進入已經傾斜的市場。因此，對於管理者和企業家來說，要避免平台事業犯下錯誤，該熟記哪些重點呢？

首先，由於平台市場上很多事情都可能出錯，因此管理者和企業家必須齊心協力，**從別人的失敗中學習**。你可能會說：「我永遠不會做出那樣愚蠢的事。」然而即便運用策略，由於平台存在許多變動因素，因此更難確定哪裡會出現挑戰。企業不僅必須協調內部運作、供應鏈和新穎的分銷方式，還必須管理互補產品與服務，解決雞生蛋或蛋生雞這個問題，同時刺激市場的多個邊。正如我們在前面觀察到的那樣，平台跟大多數新創公司一樣，具有很高的失敗率。儘管平台提供巨大的獲利機會，但執行平台策略未必會提高企業的成功機率。

其次，由於平台最終是由網路效應所驅動，因此**正確定價並確定要補貼市場的哪一邊，仍然是平台公司面臨的最大挑戰**。Uber的獨到之處（和Sidecar的失敗原因）在於，認清藉由大幅降低市場**兩邊**的價格和成本，啟動網路效應讓市場雙邊數量激增的威力，但是如同我們所指出，這種策略需要大量風險投資或其他現金來源才得以維持。實際上，儘管我們研究的成功平台案例，雖非全部但大多從低價這種成本架構著手，讓贏家至少能夠積極占領市場的一邊。除了Uber，YouTube（先讓影片製作者和內容消費者免費使用幾年）或臉書（對社群網路提供免費取用）也是採取這種做法。當然，外部資金不可能永遠白拿，市場占有率贏家最終仍必須償還投資者。Uber竭盡所能阻止損失，譬如透過賣掉海外賠錢的事業。由於本身持續快速成長，Uber在2019年股票首度公開上市應可順利進行，但真正要實現獲利，可能還需要幾年的時間。不過，其他平台（如Google、臉書、eBay、亞馬遜、阿里巴巴和騰訊）隨著本身持續擴大規模，就必須找到可以賺錢的事業或商業模式，讓本身順利度過由虧轉盈的過程。顯然，這就是投資者對Uber的期望。

第三個重點是，**把信任放在第一位**。實際上，所有平台都需要信任，因為信任是連結用戶和其他市場參與者的媒介，這些參與者通常沒有個人互動或私人關係，要求客戶或供應商在沒有過往信用紀錄可參考，也沒有與市場另一邊事先聯繫的情況下就大膽嘗試，根本是平台事業要求過多。eBay未能像阿里巴巴與淘寶那樣在中國市場建立信任機制，這是平台管理者可以避免且應該避免的錯誤。

第四個重點聽起來似乎不足為奇，但是**時機真的很重要**。儘早進入市場比較有利，但不能保證一定成功。**除非競爭對手搞砸了**，否則太晚進入市場，下場可能很悽慘。我們參與企業的會議，看到管理者告訴董事會和員工，他們擁有市場上「最好的」產品，肯定會獲勝。問題往往出在時機：最佳平台通常會勝過最佳產品，但是平台及其生態系統的建構需要時間。對於創新平台而言更是如此，創新平台需要大量開發人員進行創新，並且需要許多消費者來吸引這些開發人員，然後讓消費者使用這些創新。像微軟在Windows Phone採取的做法，就是太晚進入市場，即使擁有出色的產品以及幾近無窮的資金和無限的工程資源，也注定以失敗收場。挑戰者必須仔細調查市場為何傾斜，以及哪些策略和投資可能瓦解平台領導者，這一點至關重要。

最後，**傲慢可能導致災難**。即使擁有強大的領先優勢，不把競爭對手當一回事也是不可行的。自滿是企業面臨的最大危險之一，英特爾前執行長安迪・葛洛夫（Andy Grove）說過一句名言：「成功帶來自滿，自滿孕育失敗，唯有偏執者得以倖存。」[75]由於網路效應，在平台市場中，成功帶來自滿的危險可能更大，一旦市場似乎已經傾斜，管理者就容易鬆懈，並認為這種傾斜是永久的。雖然實際上，在許多傾斜的市場中，競爭對手很難建立起可存活的平台事業，但即使在成功的平台公司中，自滿也可能導致失敗，微軟在1990年代擊敗網景後，在2000年代的瀏覽器市場中挫敗，就證明這一點。企業如果無法保持競爭力，市場地位就可能不保，Google的一位高階主管甚至告訴我們，他想「為史蒂夫．鮑爾默立一座雕像」，讓世人知道他帶領微軟在瀏覽器和智慧型手機上的表現有多麼差勁。

在數位時代中，非平台事業的傳統公司面臨特別艱難的挑戰，但即使是他們也不該向新的平台競爭對手讓步。下一章的主題將探討老狗如何學習新把戲，這項挑戰雖然艱難，卻可能做到。

第五章

老狗要能學會新把戲

建立平台、購買平台或加入平台

加入競爭平台

購買平台（尤其是技術和人才）

建立自己的新平台

管理者和企業家該熟記的重點

在本章，我們要問的問題很簡單：老狗可以學會新把戲嗎？在創業家每天從頭開始建立新平台的同時，老字號企業仍在努力適應數位平台的世界。對於許多老字號企業來說，平台對他們既有業務的核心原則提出挑戰。許多傳統企業已經習慣控制企業的各個方面，從供應鏈到分銷，以及對顧客關係的直接掌控，但是產業平台和生態系統的變動，挑戰這些假設。平台連結顧客與顧客（臉書）、顧客與廣告商（Google）、司機與乘客（Uber），以及軟體開發人員與買方（現在透過應用程式商店，如Apple和Google）。此外，平台通常會破壞專注於獨立型產品或服務的現有商業模式，倫敦的黑色計程車如何與不受管制的Uber競爭？沃爾瑪這樣的零售商如何與亞馬遜、eBay或阿里巴巴競爭？飯店業者應如何回應Airbnb？像諾基亞，甚至微軟這樣的公司，應該如何回應Google免費贈送智慧型手機平台軟體Android？

其實，許多面臨這些挑戰的老字企業已經找到調適的方法，束手無策而就此結束營業的企業少之又少。比方說，於1959年推出芭比娃娃的美泰（Mattel），[1]多年來，該公司在許多方面都面臨競爭，卻將芭比產品發展成為一個創新平台。儘管美泰總會為玩偶製造一些配件，但該公司最後意識到，如果授權數百個合作夥伴製造衣服、時尚配飾、各種互補產品和服務（包括最終將能擴大需求的線上芭比娃娃聊天室和影片），將能帶來更大的利潤。當然，美泰仍然掌控芭比娃娃的使用體驗，就像蘋果公司在整個生態系統中控制iPhone使用體驗的方式那樣。

傳統飯店也發現交易平台的神奇潛力。當Airbnb開始推出時，許多飯店都將平台視為無關緊要的利基市場，但是當2017年Airbnb單晚就吸引二百五十萬人到其平台選擇住宿時，飯店業者根本無法忽視平台市場的龐大威力。[2] Airbnb擁有四百萬個房源，超過排名前五大飯店品牌加總的房源總數，而且Airbnb也更有價值。經過一段時日，幾個主要飯店品牌決定是時候開始進行住房共享的業務了，雅高酒店集團（AccorHotels）收購倫敦高檔房屋和公寓的出租平台Onefinestay；[3]凱悅（Hyatt）投資在二十個城市營運的房屋出租利基平台Oasis並與其合作；萬豪酒店（Marriott）向喜達屋酒店集團（Starwood Hotels）購買Tribute Portfolio連鎖飯店，並在倫敦進行住房共享實驗，然後乾脆直接買下喜達屋酒店集團，大規模擴展本身市場占有率和忠誠計畫用戶群。

老狗要在平台世界中成功競爭，必須先回答許多問題，比方說，使用其他公司的現有交易平台或創新平台，能更妥善處理公司哪些部分的作業？使用現有平台可以降低成本或擴大客戶範圍，為公司的業務增加價值嗎？如何防止平台業者獲取全部價值或大部分價值？隨著平台變得日益強大且無所不在，公司是否應該自己成立平台，跟其他參與者建立聯盟，或專注於利基市場而不是大眾市場平台？

就連現代化的產品公司也面臨適應平台的挑戰。以智慧型手機產業的先驅企業宏達電為例，宏達電生產了第一支3G手機、第一支4G手機和第一支Android手機。在2011年巔峰時期，宏達電是第三大智慧型手機公司，僅次於諾基亞和蘋果公司，年收入高達160億美元，成長率逼近50%。宏達電迅速成長六年後，智慧型手機業務陷入困境：智慧型手機產業的大贏家是占主導地位的平台廠商，即蘋果（iPhone）和Google（Android）。尤其是Android作業系統已經將硬體業商品化，讓蘋果公司以外的所有公司，利潤都為之降低。

宏達電執行長周永明和繼任者王雪紅做出回應，積極進入一個新的領域：虛擬實境。王雪紅知道宏達電擁有比競爭對手更優異的高端虛擬實境產品Vive，不過雖然當初宏達電在智慧型手機早期市場上也擁有最佳產品之一。宏達電在Android發布初期，跟Google關係極為密切；同樣地，宏達電跟個人電腦虛擬實境遊戲業者Valve的領先平台也關係緊密。在平台可能扮演重要角色的世界中，傳統硬體公司如何適應由軟體和數位技術驅動的平台世界？一年多來，宏達電的管理階層和董事會一直為「在虛擬實境這個產業，我們如何避免重蹈當初在智慧型手機產業的覆轍？」這個問題爭論不休。

從本章列出的幾個說明實例可知，這個問題的答案是，公司必須願意參與平台競賽。[4]對宏達電來說，這表示「加入」現有平台（Valve的個人電腦遊戲平台Steam和Google的Android手機平台），並「建構」自己的混合平台，提供用於教育、工業、娛樂和其他虛擬實境的應用程式。宏達電繼續與Valve緊密合作，因為虛擬實境是典型的創新平台：虛擬實境最初的成功需仰賴第三方建立令人興奮的應用程式，而早期採用者都是專業遊戲玩家。宏達電還跟Google合作，因為高用量、低端的虛擬實境市場很可能從Android生態系統中崛起。同時，王雪紅希望宏達電擁有自己的平台Viveport，該平台將設法吸引非遊戲應用程式。目前要預測宏達電的Vive及其Viveport平台的成敗還言之過早，但加入現有平台和建構新平台的策略，在傳統產品公司已日漸普遍。[5]

本章要傳遞的主要訊息是，「老狗」至少可以透過三種方式學習適應平台世界：他們可以加入一個競爭平台、購買現有平台或建構自己的平台。對於老字號企業來說，最大的惡夢是無法阻止新平台，在他們已經有效競爭數年或數十年的市場中，成為下一個贏家通吃或贏家拿到最多好處的競爭對手。為了更深入分析這些選項，我們研究倫敦計程車如何與競爭交易平台合作以抵抗Uber，以及創意零售業者如何想方設法，利用亞馬遜平台發揮本身的優勢。我們還將討論沃爾瑪如何藉由購買Jet.com，加速本身與亞馬遜競爭態勢，以及奇異公司如何開始為工業物聯網建構新的創新平台或混合平台，讓本身的產品和服務能力能以錢生錢。

老狗的成功之路並非坦途，挫折無法避免，奇異公司的經歷就可證明。但是這些說明實例突顯出許多成熟企業在其產業「平台化」時，可以面對也應該面對的挑戰和策略選擇。

加入競爭平台

在網路成立初期，一些管理者認為，要捍衛自家生意並對抗新崛起平台的最佳方法，就是跟上潮流。如果亞馬遜或eBay讓直接銷售產品或服務給消費者變得容易，那麼何不成為亞馬遜或eBay的賣家，充分利用成功平台連結大量客戶的優勢？許多公司沒有意識到一旦平台擁有龐大的安裝基礎，也可以獲取巨大的市場力量，並獲得大部分價值。

根據最近的研究顯示，這種模式還在繼續發展。在亞馬遜平台上銷售產品獲得實質收入成長的公司，面臨極大的風險，因為亞馬遜會觀察到這種營收佳績，便進入該類別，接管有利可圖的業務。[6]對於那些使用亞馬遜直接銷售自家產品的品牌而言，許多業者發現亞馬遜過去使用自動機器人搜尋網路並調整價格，以確保其具有最低的價格，藉此有效地使傳統經銷商處於競爭劣勢。此外，亞馬遜的策略對品牌本身產生影響，導致品牌與以往慣用的經銷網路疏遠，並進一步增強亞馬遜的議價能力。[7]對於平台領導者而言，這種侵略行為並不罕見，在更早的時代，許多利用Windows平台開發軟體的業者發現，微軟經常複製及整合第三方應用程式，有效地導致這些參與者停業。[8]

網路藥妝店Pharmapacks如何稱霸亞馬遜：善用平台巨人的力量

在某些情況下，加入他人的平台相當有賺頭，像亞馬遜這類成功的大型平台，可以大幅降低客戶的搜尋成本和交易成本。使用該平台的公司面臨的挑戰是，要學會如何在不被平台本身取代的情況下，利用平台本身的優勢。答案通常存在於「允許參與者選擇本身位置（spot）」的平台治理規則中。[9]許多創意事業已經找出加入平台，同時減輕該平台本身力量的方法。

Pharmapacks這家公司是加入平台、營運成功卻鮮為人知的實例。該公司於2010年從實體零售市場起家，創始人安德魯．法吉納斯（Andrew Vagenas）於2011年首次涉足線上銷售。當時法吉納斯跟一個合夥人在紐約布朗克斯（Bronx）經營一家零售藥店，他形容這是「一家相當成功的小商店」。他們從朋友那裡籌到資金，並設立自己的網站，但成效有限，[10]一直到開始在eBay和亞馬遜上銷售商品，銷售額才大幅成長。到2016年，絕大部分的收入都來自線上市場，其中來自亞馬遜的比例就占40%，[11]而且Pharmapacks成為美國Amazon Marketplace的最大賣家之一。[12]

一些零售商已經藉由專注於Amazon Marketplace的利基市場而獲得成功，相較之下，Pharmapacks透過銷售在藥房買得到的護唇膏、洗髮精、刮鬍刀和其他日常用品而大發利市。Pharmapacks的商業模式是，提供大量低利潤的產品，並向一些經銷商以折扣價進貨，再以3%至6%的利潤率售出。[13] Pharmapacks成功利用亞馬遜平台的規則，跟傳統零售業者不同，身為市場賣方，卻不需要一直庫存所有產品，反而可以根據供應商折扣商品調整庫存。

更重要的是，Pharmapacks開發一種定價演算法，這種演算法可以自動調整特定商品的售價，以確保本身售價夠低，可以在亞馬遜搜尋頁面名列前茅，但又不會低到導致賠本出售。[14]法吉納斯在2016年年初告訴美國廣播公司（American Broadcasting Company，簡稱ABC）：「我們的系統每四十五分鐘就會調整價格。無論是根據市場需求，或是為了取得更好的交易或購買更好的產品，而調高或調降價格。每當有經銷商提供折扣給我們時，我們總是將利潤直接分享給客戶，這樣我們就能降低價格。」[15]隨著Pharmapacks持續改善本身的定價公式，其產品開始出現在搜尋結果頁面的最前面，銷售額開始急劇成長。2014年，營收成長到超過3,100萬美元，2015年為7,000萬美元，2016年激增到1.21億美元，三年成長率將近600%。[16]到2016年年中，Pharmapacks每天出貨二萬個包裹。[17]

亞馬遜可能會在易於識別的類別中，直接跟銷售量大的賣家競爭，但是Pharmapacks的策略可能吸引力不大，而且要複製這種做法也太麻煩。老字號企業可以從Pharmapacks學到的課題是，如果可以「善用」平台，就可以建立有吸引力的生意。Pharmapacks藉由提供最低的價格，出現在搜尋結果頁面的最前面，善用亞馬遜這個平台。Pharmapacks充分利用亞馬遜的實力，也就是覆蓋範圍和低成本分銷，而無須擔心（至少在短期內）亞馬遜進入其業務領域。重點是：Pharmapacks是一家符合亞馬遜提供巨大零售價值策略的公司，但規模不算太大，所以亞馬遜並不覺得有必要複製其商業模式。

通用汽車公司和Lyft：支持競爭平台

在可以利用平台規則時，有時加入主要平台可能是一種雙贏策略，但有時這種新平台卻會讓參與者破產，在這種情況下，加入平台往往不是解答。替代策略是支持競爭平台，尤其是在平台市場發展初期，在市場出現傾斜或新平台參與者建立龐大規模前，可能有機會將市場分割成碎片，並阻止贏家通吃或贏家拿到最多好處的結果發生。比方說，全球各地的計程車公司都對如何適應Uber而大傷腦筋。計程車業的供應商，如通用汽車公司，也擔心市場會向Uber傾斜。當Uber開始製造自己的自動駕駛汽車時，通用汽車公司可能會陷入困境，因此通用汽車公司對此的回應是，花5億美元投資Uber的競爭對手Lyft，以改善這個競爭產業的前景。

目前，世界各地的計程車公司也都努力對抗Uber的發展，其中最成功的策略是政治策略：在許多城市甚至國家，計程車業者都遊說當地政府，迫使Uber處於劣勢。以香港為例，當地警察逮捕七名Uber司機，因其載送乘客並沒有為第三方提供保險，政府此舉等於在警告Uber。[18]這些司機被罰款7,000港幣（約為900美元），並吊銷駕照十二個月。突然間，在香港要以Uber叫車變得超難。同樣地，2016年7月，匈牙利立法機關通過一條法令，讓Uber平台無法運作，Uber被迫退出匈牙利。[19]即使在美國的波士頓，計程車業者也說服當地洛根機場（Logan），禁止UberX接載乘客長達數年之久。[20]美國其他四十個城市的機場也是如此。[21]

在不願保護當地計程車業的城市和國家中，計程車公司不得不做出選擇：加入Uber，或尋找競爭策略跟Uber競爭。在某些城市，計程車公司選擇加入Uber，並在Uber的「租賃車行」平台上做生意。在倫敦等其他城市，計程車公司則選擇奮戰。倫敦市於2017年拒絕續簽Uber的執照前（此決定於2018年被臨時執照推翻），倫敦出名的黑色計程車提供一個具有啟發性的實例，說明老狗如何透過支持替代平台保持生存能力。

倫敦的黑色計程車：打造吸引乘客的替代平台

在共乘平台興起前，倫敦計程車業務包括該市傳統的黑色計程車，以及成千上萬的私人租用車（privae hire vehicle，簡稱PHV）業者，通常被稱為私人出租車。黑色計程車司機是自雇者，可以自己決定時間，幾乎自己就是專業工會。這類司機需要經過嚴格培訓，包括記住倫敦二萬五千條街道和二萬個地標，往往需要四年時間準備和通過考試。[22]一旦通過考試，司機可以購買許可證、車輛並開始擔任計程車司機。倫敦交通管理局（Transport for London，簡稱TfL）的計程車業監管機構要求，車輛必須遵守嚴格的標準（譬如特定的迴轉半徑、輪椅可上下車），而且每六個月必須通過一次安全檢查。

長久以來，倫敦黑色計程車都面臨與運作方式有所不同的私人出租車的競爭。與計程車不同的是，不能在街上招呼私人出租車，也不能使用計程車招呼站，但是乘客可以透過電話或親自到車行或車亭訂車。儘管叫車比較麻煩，但黑色計程車因數量有限，所以大眾對私人出租車的需求仍然很高。到2013年，倫敦有近五萬輛取得許可執照的私人出租車，滿足一些市場需求，尤其是在夜間和週末。

Uber和其他平台：Uber於2012年在倫敦推出，獲得私人出租車公司的許可執照。由於沒有最新的載客量統計，所以Uber對黑色計程車生意的影響難以量化。有趣的是，計程車司機說Uber影響他們的生意，倫敦的有照計程車數量略為下降，從2011年的二萬二千六百輛，到2015年降至二萬二千五百輛。[23]儘管計程車司機努力限制Uber的成長，但在2015年下半年到2016年年初，Uber司機人數超過黑色計程車司機人數，達到二萬五千人。[24]計程車司機將Uber視為生存威脅，引用一位也幫助開辦司機培訓學校的黑色計程車司機的話來說：「我真的相信Uber的目標是消滅我們。黑色計程車生計不保，只好屈服，然後開始暴動。」[25]

為了因應Uber的挑戰，倫敦的許多計程車司機都轉向競爭性的第三方共乘平台。到2016年初，主要兩個僅限計程車加入的共乘平台Hailo和Gett，總共有60%的倫敦黑色計程車司機加入。其實，Hailo比Uber更早進入倫敦市場，於2011年11月在倫敦啟動。乘客可以免費使用Hailo應用程式，支付的車資跟在街上招呼計程車時的車資相同。Hailo的收入來自於乘客每次叫車，便依據車資向司機收取10 %的佣金。到2012

年8月，約有五千二百位司機加入這項服務，約二十萬名倫敦人下載Hailo智慧型手機應用程式。司機之所以加入這個平台，主要是因為這種運作模式減少他們的空車時間，一位使用該平台的計程車司機說：「我每天比以前多跑四趟……每趟車資被抽成和支付信用卡手續費並不是什麼大問題。空車在路上跑，等待客人叫車，才會虧更多錢。」[26] 2013年9月，Hailo報告說，在前二年內，使用該應用程式在倫敦叫車的次數就高達三百萬次，這是一個相當可觀的數目，但跟倫敦黑色計程車出車次數相比卻相對減少，倫敦黑色計程車出車次數在2007年（有統計數字的最新年份）為每週一百八十萬次。[27]到2013年11月，Hailo平台上的司機人數已增加到一萬六千人，占倫敦市合格計程車司機的60%，註冊用戶超過四十萬名。[28]

但是，加入Hailo對抗Uber並非沒有問題。跟大多數平台一樣，Hailo有權更改規則，Hailo最初將自己定位為專門提供倫敦黑色計程車的叫車平台，但是在Uber於2012年推出後，Hailo承受愈來愈大的壓力，便於2014年5月向私人出租車開放該平台。這項決定激起黑色計程車司機的強烈反對，持牌計程車司機協會（Licensed Taxi Drivers Association）負責人說：「那裡充斥許多不滿和憤怒……現在，這些傢伙就是覺得自己被出賣了。」[29]

對倫敦黑色計程車來說，好消息是市場沒有傾斜。這個城市還有另一個叫車服務的應用程式Gett，該應用程式總部位於以色列，在進入倫敦前已在全球一些城市營運。其成長速度不比Hailo，但由於黑色計程車司機強烈反對Hailo決定開放平台，所以這些司機紛紛轉換平台到Gett，到了2016年3月時，倫敦加入Gett平台的黑色計程車司機就有一萬人。[30]到2016年年初，倫敦黑色計程車司機除了仰賴本身指標性的地位和對城市街道的傳奇知識，還努力透過直接行動、政治遊說和採用競爭對手的計程車專屬叫車平台，結合這些方式跟Uber對抗。當然，倫敦計程車業這場戰鬥還沒有結束，2016年2月初，Uber提議推出自家倫敦黑色計程車的專屬平台，而且讓計程車司機免費使用十二個月，不抽取佣金，但計程車司機拒絕這項提議。

儘管在Uber進入倫敦後，有些人預測黑色計程車將因此被淘汰，但計程車司機們還是設法透過選擇新平台來適應新環境，也讓舊的運作方式和新的工作方式並存。倫敦的黑色計程車司機也得到市政官員的一些支持，可以暫時鬆一口氣。2017年9月22日，倫敦交通管理局宣布，在Uber於9月30日執照到期時，將不再續發Uber在該市的營運執照，理由是「在涉及潛在公共安全和與保障相關的許多問題上，Uber缺乏責任感」。[31]儘管Uber執行長達拉．科斯羅薩西（Dara Khosrowshahi）隨後承認Uber「一路上做錯很多事」，並為

Uber所犯的錯誤道歉，但Uber還是對倫敦交通管理局這項決定提出上訴。[32]不過，Uber也獲得相當多的支持，同年10月下旬，大約七十萬名倫敦人簽署一份請願書，要求倫敦交通管理局推翻這項裁決，所以Uber當然被批准並被允許在倫敦繼續營運，直到最終裁決敲定。[33]2018年6月，Uber贏得上訴，可以繼續在倫敦營運，並獲得試用許可證，但每十五個月要重新審核一次。[34]

行動前的警告：加入主要平台的關鍵

小型公司（或獨立承攬人，如計程車司機）通常除了加入現有平台外，就別無選擇，規模較大的公司可能有更多選擇，通常他們可以建構或購買自己的平台。有時候，老字號企業只是缺乏建構和經營數位平台的技能，而加入現有平台可能是最好的答案，但對於傳統企業來說，加入一個強大的平台，會面臨很多風險，而且套牢問題猖獗。平台可能假裝是開放且無偏見的，但這往往是假象，一旦平台達到一定的規模，就有能力直接與本身市場的一邊競爭。

玩具反斗城（Toys “R” Us）跟亞馬遜之間的關係，就是說明這個難題的一個絕佳實例。在2000年，玩具反斗城跟亞馬遜簽署為期十年的「獨家」協議，作為參與亞馬遜平台的條件。玩具反斗城意識到，本身傳統實體零售策略需要協助，並且本身線上銷售業務並沒有什麼進展，因此決定加入亞馬遜的平台，以增加網路曝光率並拓展線上交易。玩具反斗城每年支付亞馬遜5,000萬美元，再加上收入的一部分。然而到2004年，這筆交易卻變了調，由於玩具反斗城虧損，亞馬遜在其網站上提供競爭對手的玩具販售，玩具反斗城控告亞馬遜並要求賠償2億美元的損失。亞馬遜聲稱其所提供的玩具，是玩具反斗城無法提供或不會提供的。經過長達兩年的法律攻防戰，法院判決玩具反斗城勝訴，允許玩具反斗城跟亞馬遜先前簽定的協議終止，但未判決任何損害賠償。在接下來的十年中，玩具反斗城繼續掙扎，而與此同時，亞馬遜在網站上賣出大約40億美元的玩具。玩具反斗城於2018年宣布破產，並關閉所有分店。

玩具反斗城犯了三個錯誤。首先，加入一個強大的平台時，該公司應該一開始就要取得最大的優惠。在這種情況下，玩具反斗城未能在協議中充分定義「獨家」(exclusive）一詞。其次，玩具反斗城當時最好能建立自己的平台，不僅銷售自家生產的玩具，還銷售其他玩具公司生產的玩具。第三，玩具反斗城當時最好能購買一個競爭平台，而該平台具有玩具反斗城所缺乏的技能。特別是當套牢問題的威脅很嚴重時，較大規模的老字號企業就必須好好研究購買平台或建構平台的可行性。

購買平台（尤其是技術和人才）

沒有人認為創立平台事業很容易，對於許多管理者來說，尤其是沒有雄厚資金的支援時，最簡單的答案就是購買平台。但在這樣做之前，最重要的是要認清「購買平台以便進入平台的世界」這種方式充滿危險。管理平台的技能可能與管理以往命令控制式的組織相反。這方面發生的慘敗實例包括：新聞集團（News Corporation）收購MySpace，以及美國線上公司（AOL）和時代華納（Time-Warner）的合併。

但是在適當的條件下，購買平台可能是正確的答案。在新興平台可能占據極大市場占有率的行業（如計程車業、零售業）中，老字號企業不能無限期地處於觀望狀態。通常，購買現有平台的最大風險是沒有保留關鍵人才、將技術整合到續存制度中、母公司的文化排斥購買的平台，但是如同我們將在沃爾瑪收購實例中看到的那樣，這種做法還是有可能成功。購買強大的技術並授權外部新進人才，有時可以克服將老狗轉型為新平台的自然障礙。

沃爾瑪的收購

依照銷售額和員工人數來衡量，沃爾瑪是全球最大的公司，在平台競爭中，像沃爾瑪這樣面臨挑戰的老字號大企業寥寥無幾。《財星》（*Fortune*）雜誌的一名專欄作家曾問：「銷售廉價襯衫和釣魚竿的小販，如何成為美國最強大的公司？」沃爾瑪崛起的故事摘要如下：1979年，沃爾瑪的銷售額達到10億美元。到1993年，在一週內就完成10億美元的銷售額，到了2001年，則是一天就有10億美元的銷售額。[35]同年，沃爾瑪也榮登「財星全球五百大企業」（Fortune Global 500）之首，並在後續十五年穩坐龍頭寶座。2017年，其收入逼近5,000億美，以1,500億美元的差距，大幅超越全球第二大企業中國國家電網公司。[36]沃爾瑪透過大砍成本提供每日最低價模式，穩步促使大小競爭對手紛紛歇業，成為全球零售業巨擘。

沃爾瑪最大的威脅來自電子商務。雖然線上零售只占整體零售銷售額的一小部分（2017年約為14%），但線上零售的成長速度比實體零售的成長速度快許多（2017年約為16%），而零售業的整體成長率僅1.4%。根據預測，美國線上銷售額將從2016年的3,900億美元，成長為2020年的6,120億美元。[37]但在美國，沃爾瑪正面臨零售世界另一大巨擘亞馬遜的威脅，儘管亞馬遜的營收在2017年不到沃爾瑪的一半，但成長速度卻比沃爾瑪更快：亞馬遜的零售銷售額在2011年至2015年之間，以將近20%的年成長率激增，而沃爾瑪在同一段期間的成長率只有個位數。亞馬遜在電子商務中的主導地位幾乎跟沃爾瑪在實體零售中的主導地位完全一樣，而且亞馬遜也是2018

年全球最有價值的零售商，市值是沃爾瑪的三倍多，如同愛迪達（Adidas）執行長所言：「亞馬遜是世界上最棒的交易平台，讚到無可比擬。」[38]

平台帶給沃爾瑪的挑戰：亞馬遜帶來的挑戰不僅在於它是競爭對手，而且是電子商務的主導者。對於第三方零售業者來說，亞馬遜已成為日益壯大的平台，從個人銷售二手書，到在其線上市集創造數千萬美元年營收的零售業者，都進駐這個平台。[39]亞馬遜在2000年啟動線上市集，並在2007年引進Fulfillment by Amazon服務，這表示亞馬遜不僅處理線上交易，還為利用該服務的第三方賣家處理儲存、包裝和運送物品。此功能讓亞馬遜與eBay等其他線上市集有所區別，並允許小型零售商無須建立配送基礎設施，即可觸及廣泛的受眾。

Amazon Marketplace的規模迅速成長，2018年第一季就為亞馬遜創造92億美元的營收，約占該季度亞馬遜總營收的18%。[40]2018年時，Amazon Marketplace約有65%的銷售額來自第三方賣家，而且積極使用該服務的賣家數量超過二百萬家。亞馬遜透過本身「Fulfillment by Amazon」服務，在2016年為其他賣家交付超過二十億件商品，數量為2015年的兩倍。[41]第三方賣家的激增，大幅擴展亞馬遜網站上可買到的產品選擇；根據估計，約有80%到90%的產品種類來自第三方賣家，這些產品占亞馬遜網站數億種商品的大宗。[42]線上市集的龐大規模是亞馬遜網站吸引消費者的大功臣，消費者知道自己能在亞馬遜網站上找到想要的東西。

亞馬遜是沃爾瑪營運成長的最大威脅，但是其他大型零售平台也讓沃爾瑪有理由擔心。透過為中小型零售商提供觸及廣大消費者的線上交易服務，中國的eBay和阿里巴巴等線上市集，讓沃爾瑪在線上交易的市場占有率變得更小。雖然對於習慣讓其他零售商紛紛倒閉的全球零售巨擘而言，將其他零售商納入自己旗下似乎有些奇怪，但沃爾瑪卻面臨亞馬遜十五年前面對過的相同選擇：是否允許這些零售業者使用沃爾瑪的平台，至少獲得這些銷售額的一定百分比（也藉此取得更多選擇，進而吸引消費者造訪其網站，提高消費者直接購買沃爾瑪產品的機率），或是寧可冒著失去大量消費者的風險。

沃爾瑪的回應：由於主要電子商務平台對沃爾瑪在國內外的成長計畫造成威脅，沃爾瑪領導階層意識到有必要增加線上零售業務的能見度，並為此投入數十億美元。沃爾瑪試圖有組織地建立自家平台：沃爾瑪甚至設法透過與矽谷風險投資公司Accel Partners建立合作夥伴關係，讓自家購物網站Walmart.com成為亞馬遜可敬的競爭對手。但是經過十多年的努力，結果卻令人失望，沃爾瑪管理階層得到的結論是，沃爾瑪沒有合適的技術或合適的團隊，因此需要取得這些能力。在2011年至2016年這段期間，沃爾瑪進行十幾次電子商務收購，截至目前為止最大的一筆交易是在2016年8月，以33億美元收購Jet.com。[43]沃爾瑪希望Jet.com能為其帶來電子商務的能力和技術，迅速啟動沃爾瑪的線上市集事業。沃爾瑪執行長董明倫（Doug McMillon）授權Jet執行長馬克・洛爾（Marc Lore）及其團隊，負責沃爾瑪的所有電子商務業務。如果沃爾瑪要在以平台為主的零售新世界中獲致成功，該公司就需要一種新的方法、新的團隊和新的領導者。

沃爾瑪已經在其網站上建立自己的市集，但截至2016年夏季，只有大約五百五十家第三方供應商加入，而Amazon Marketplace卻有超過二百萬家第三方供應商。[44]沃爾瑪的漫長審核流程阻礙本身擴展線上市集的能力，增加供應商的時間平均為六週，而在亞馬遜和eBay上則只需要一天就可完成。[45]沃爾瑪收購Jet.com時，最大的希望就是迅速擴大本身的線上選擇。[46]

Jet.com於2015年6月啟動，最初的部分策略是透過補貼虧損交易，將每年49.99美元的會員費收入，用於維持網站提供低價，但該公司很快就放棄這種做法。執行長洛爾認為，會員資格不是商業模式的核心；他聲稱就算不收會員費，也能比競爭對手網站（即亞馬遜）節省4%到5%的費用。[47]Jet.com的市集在許多方面都與眾不同，用戶不必為每種商品挑選零售商，Jet.com的演算法會依據各種因素，譬如購物者的所在地點或購物車中的商品，提供一組購買選擇，在該網站稱之為「最佳零售商」(意即總價最便宜的賣方)。比方說，某家小零售商剛好鄰近購物者所在地，就比價格較低但規模較大的零售商勝出，因為運費較低，所以總價更便宜。此外，賣方可以制定商品定價規則，如果客戶批量購買、接受較長的運送時間、放棄退貨權或選擇接收市場行銷電子郵件，就給予折扣。這些規則都已納入Jet.com的動態定價演算法中，有助於計算出特定商品的最便宜選項。[48]

從買家的角度來看，購物車中的商品價格會隨著買家添加商品，或同意放棄退貨，或選擇接收行銷電子郵件，而出現即時變化。而根據買家的選擇，提供所選購商品的零售商也會看到這些變化，這一切都取決於Jet.com先進的定價技術。洛爾認為這是Jet.com平台的關鍵差異因素，競爭對手很難模仿，正如洛爾在2015年指出的那樣：「我們檢視每種產品，並根據買方購物車中的商品，查看所有庫存，並應用零售商制定的所有規則重新定價。可能會有成百上千的零售商制定規則，必須仔細研究所有規則，找出怎樣購買最便宜，以及差價多少。其中要進行許多計算。」他接著說：「這項技術非常難。難就難在，要讓演算法能以我們需要的速度計算。」[49]

要確定沃爾瑪的收購是否使其能建構一個成功的零售平台，與亞馬遜和阿里巴巴等競爭對手相抗衡，還需要幾年的時間。但在收購Jet.com後，沃爾瑪在初期確實有望獲得回報，收購後的第一年，沃爾瑪似乎在電子商務方面起死回生，產生可觀的成長和動能。截至2017年1月31日該季結束時（完成收購後的第一個完整季度），沃爾瑪的國內電子商務銷售額和網站成交金額分別比前一年成長29%和31%。沃爾瑪在同年11月宣布第三季收益時，股價創新高，大漲11%。隨著電子商務的成長速度超過亞馬遜，美國有線電視新聞網（CNN）宣布，沃爾瑪正「讓亞馬遜開始緊張不安」。[50]這項改善的部分原因可能要歸功於線上市集的選擇增加了，到2018年2月，其線上市集出售的商品數量已增加到七千五百萬項，成長十倍多。[51]

收購Jet.com顯然加速沃爾瑪的電子商務平台事業蓬勃發展，但就像許多大型收購一樣，沃爾瑪也在發展新組織時經歷種種困難，面臨執行問題和整合問題。在沃爾瑪2018會計年度結束時，這種成長速度急劇減緩，電子商務成長率和網站成交金額的成長率分別降至24%和23%。沃爾瑪電子商務領導人承認線上業務成長趨緩。沃爾瑪執行長董明倫表示：「我們正在打造一個事業，我們正在學習新事物。」董明倫繼續說，Jet.com在沃爾瑪整體業務所占的比重較小：「我想，大家會看到Jet.com將經歷一段調整期，然後開始再次成長，並將重點放在特定市場與機會。而沃爾瑪將是這個業務的主要基礎，也是絕大部分，而且成長將是首要任務。」[52]尤其是，沃爾瑪的領導階層將Jet.com定位為觸及都市更年輕、更高檔消費者的一種方式。[53]

但是，整個情勢在2018年3月變得更糟，沃爾瑪電子商務部門的前業務拓展總監特瑞．休伊（Tri Huynh），向沃爾瑪提出訴訟。他指控自己再三向電子商務負責人洛爾呈報，擔心沃爾瑪「過分積極地不計任何代價顯示本身電子商務業務的迅速成長」，甚至不惜採取非法方式，但最後他卻因為直言相勸而被解雇。休伊聲稱，沃爾瑪降低對第三方市集商品的標準，標錯商品價格，因此供應商獲得的佣金更低，並且未能處理退貨，導致銷售金額膨脹。[54]

沃爾瑪投資Flipkart：不受國內挑戰所困，沃爾瑪全速發展建立全球零售平台。2018年，沃爾瑪進行有史以來最大的一筆收購，斥資150億美元，購買印度知名電子商務公司Flipkart 75%的股份。印度是全球最大且成長最快的線上商務新市場之一，因此成為沃爾瑪青睞的標的。

Flipkart由兩位亞馬遜前員工於2007年創立，但面臨來自亞馬遜（於2013年進入印度）的激烈競爭。亞馬遜創辦人貝佐斯決定向印度市場注資50億美元，其中包括2018年的快速遞送和Prime影音串流。Flipkart努力保持領先地位，並需要更多資金挹注；在此同時，由於印度對外國公司對當地零售業務所有權的限制，沃爾瑪在當地只經營二十一家批發商店，因此對Flipkart的投資，讓沃爾瑪有機會直接銷售產品給印度消費者。[55]儘管以財務方面來說，這項決定比收購Jet.com的賭注更大，但這表示沃爾瑪對從實體競爭轉型為數位平台競爭的鄭重承諾。

對於沃爾瑪管理階層來說，在零售平台業務上遭致失敗，是無法接受的選項。大家都知道，若任由亞馬遜獨霸電子商務領域，對於沃爾瑪這個全球最大零售業者來說，無異是自掘墳墓。Flipkart和Jet.com為沃爾瑪及其股東帶來希望，同時沃爾瑪必須學習、適應和解決在執行上的挑戰，才能在平台競爭中勝出，這跟任何傳統事業的收購無異。

建立自己的新平台

對於老字號公司而言，自己建構新平台是最具挑戰性的選擇，但也可能是最有意義的選擇。儘管如此，平台市場本身的複雜度，讓較傳統產業將如何應對平台挑戰，變得更難預測。即使市場的一邊接受新平台，市場的另一邊也必須合作和參與才行。而這類企業也很難克服內部慣性，同時難以接受新的經商方式，即使面對激烈的平台競爭，內部因素往往也會限制建構自家平台策略的有效性。[56]

建立自家平台的承諾：奇異公司的Predix工業物聯網平台

雖然從頭開始建構新平台還是非常困難，尤其對於「老狗」而言，但這樣做還是有望對業務進行徹底改革，至少利用網路效應的機會，可以為成熟市場注入新的成長。不過，要取得成功，傳統企業需要克服長久以來指揮控制的慣性，老狗還需要學習本書教導的課題：找出合適的平台類型、弄清楚如何解決「雞生蛋或蛋生雞」這個問題、建立利用網路效應的商業模式、學習如何治理平台。最後的挑戰需要與競爭對手和平台的其他邊合作，這對於許多老字號企業來說是違反慣性的行為，但是老字號企業沒有簡單的解決方案可循。歸根究柢來說，管理者必須致力於新的經營方式，又不會被過往所束縛。我們的同事克雷頓．克里斯汀生（Clayton Christensen）提出知名的建議，老狗應該建立個別組織，處理像數位平台這種具破壞性的新商業模式，[57]但是能證明這樣做對許多老字號企業都有效的證據卻寥寥無幾。有時需要將平台整合到核心業務中，有時則應該將平台與核心業務分開，其關鍵在於，利用我們在本書介紹的所有方法和工具，接受平台思維。

儘管奇異公司（後文簡稱奇異）在本身業務和數位平台業務上，辛苦奮戰卻不見起色，卻是傳統企業大膽建立新平台事業的實例之一。奇異是美國歷史最悠久的企業之一，也是最先被納入道瓊工業平均指數（Dow Jones Industrial Average）的十二家公司。在十年前，奇異仍然是世界上最大的企業之一，年營收在2008年達到頂峰，超過1,800億美元。在領導階層歷經幾次變動和業務持續撤資後，奇異在2018年的規模縮小，年營收約為1,200億美元，但在所屬領域仍是領導者。

工業物聯網：奇異的事業核心是生產機車、飛機引擎和用於發電的渦輪機等產品，但是由於「工業網路」（industrial internet）或「工業物聯網」（IIoT）的出現，奇異也面臨新的競爭威脅。工業物聯網這個構想是將感測器整合到機器中，產生連續的數據流，其關鍵是如何將這些數據流連結到雲端，然後透過分析與預測演算法分析大量數據。工業物聯網的承諾是為用戶提供即時商業智慧和有價值的見解，比方說，風力發電場可以使用數據優化電力生產，透過允許渦輪旋轉善用更多風力。根據奇異的一份報告指出，一個一百兆瓦的風力發電場結合這種數據分析方法後，可以將能源產量提高20%，並在整個電場生命週期內，額外創造1億美元的收入。[58]另一個主要應用是預測性維護，使用感測器數據的分析，預測設備何時會發生故障，並在出現故障前，先進行修復。

奇異前執行長傑佛瑞・伊梅特（Jeffrey Immelt）認為，數據和分析可以為奇異的業務增加實質價值。如果奇異現有的競爭對手之一或第三方軟體公司，發展一個贏家通吃的平台，掌握這個分析層，那麼奇異可能會被迫加入該平台，也使得本身設備和維護服務的大部分價值，都必須讓給平台業者。

針對這個難題，奇異最初的解答是建立一個平台，跟亞馬遜、微軟、Google、IBM和其他主導雲端計算的軟體巨擘正面交鋒。但是用一位分析師的話來說，「奇異了解機械也很懂產業面，而微軟、IBM等公司卻更懂軟體」，[59]在此同時，由創投業者支持的新創公司正競相掌握物聯網產生的數據與分析之價值。奇異一位高階主管在2016年年底表示，投入工業物聯網的資金和技術資源，「讓我夜裡總是輾轉難眠」。

從樂觀的一面來看，機會是龐大的。奇異估計到2020年，工業物聯網平台和應用程式的市場規模將達到2,250億美元，其他估計數字則高達5,000億美元，奇異公司一位高階主管就說：「我認為從競爭的角度來看，這場比賽正在進行，每個人都理解工業物聯網的獎項有多大。」[60]

Predix——工業物聯網平台：要贏得這個大獎，奇異的領導階層意識到，公司必須成為軟體和數據分析公司，將奇異轉變為「十大軟體公司之一」。然而，要善用工業物聯網產生實質價值，就表示要將奇異轉型為平台公司，轉型的關鍵是Predix，它是奇異「工業物聯網的雲端作業系統」。[61]以我們的術語來說，Predix的目標是成為一個作業系統，旨在作為開發應用程式的**創新平台**，允許程式設計師迅速建構用於工業物聯網的應用程式。這項策略期能落實大數據分析，遠端監控機器，並推動大規模的機器對機器通訊。[62]利用這種方式，Predix就像微軟的Windows或Google的Android，但它不是在個人電腦和手機上運作，而是一個「邊緣連到雲端」（edge-to-cloud）的平台，這表示Predix將同時部署在工業機器（「邊緣」）和集中式數據中心（「雲端」）上。

中途修正——建構在平台上的平台：奇異沒有從頭開始建立自己的平台，而是將Predix建構於Pivotal公司的Cloud Foundry這個主要雲端平台上。Cloud Foundry最初是VMware開發的開源平台，後來轉移到與易安信（EMC）合資的Pivotal軟體公司。奇異在2013年投資1.05億美元，購買Pivotal 10%的股權。Predix建立在Pivotal的Cloud Foundry的基礎上，是一種雲端式的「平台即服務」（platform-as-a-service，簡稱PaaS）。

起初，奇異計畫建立自己的數據中心，但是建構工業雲端平台的技術挑戰相當龐大，必須針對風險更高、錯誤代價更高的工業應用進行優化。該平台需要可擴展以處理工業物聯網機器產生的大量數據，並且需要能在潛在不利的條件下，提供該項資訊。此外，許多運算功能需要安裝在機器上，而不是全部交由雲端處理，以減少延遲並加快分析速度，[63]同時還必須將數據匯聚到一個集中位置，允許在雲端平台進行分析。

對於奇異這種傳統企業巨擘來說，自然傾向於掌控內部的一切，然而建立成功的平台要懂得授權而不是控制。起初，奇異落入這個陷阱，外部觀察家對奇異「認為本身在工業設備方面的經驗，使其具有獨特能力發展工業雲」的這項主張提出適切的質疑，但觀察家認為，公有雲的優點足夠靈活，可以適應多種用途。[64]觀察家指出，政府機構利用公有雲業者提供服務，其安全需求與奇異客戶的需求一樣高。[65]

到2016年年底，奇異改變方向，放棄自己的雲端基礎設施，轉而在Amazon Web Services和微軟的Azure雲上執行Predix平台。奇異數位執行長比爾·盧哈（Bill Ruh）在2017年承認「我們進行調整」，並承認亞馬遜、微軟和Google等公司對數據中心的大規模投資，「這種投資不是我們可以與之抗衡的」。[66]

解決「雞生蛋或蛋生雞」這個問題：起初，奇異將新從事的軟體分析能力，部署在本身內部運作中。執行長伊梅特要求奇異所有事業單位，必須使用Predix管理他們的設備。奇異估計在2015年，Predix及其相關應用會因為生產力的提升，創造5億美元的營收。

在開始啟動Predix平台時，奇異藉由利用現有客戶群，解決雞生蛋或蛋生雞這個問題。在為自己的工業流程開發應用程式後，奇異發布商業版本，讓通路和技術合作夥伴與客戶，能在這個平台上建構自己的分析。[67]奇異開始跟各行各業的顧客一起進行一系列試用測試，以展示Predix的功能和承諾，然而在這個階段，Predix還不是真正的創新平台，它只是奇異產品的一項互補服務，一套可以增加特定工業資產價值的工具與服務。在解決「雞生蛋或蛋生雞」這個問題的典型解決方案中，奇異甚至在第三方應用程式出現前，就將Predix作為具有獨立價值的產品和服務提供給客戶。

吸引互補業者：奇異發現第三方開發者蓬勃發展生態系統的價值，於是開始積極招募軟體開發人員，開發可以在Predix平台上執行的應用程式。[68]為了培養蓬勃發展的開發者社群，奇異在2016年8月，發布Predix開發者工具包，只提供給少數程式人員和合作夥伴，然後在同年年底前提供給所有人。[69] Predix擁有典型創新平台提供的所有資源：文檔、指南、培訓、應用程式介面、為使用Predix的開發人員預先設定好的虛擬機器，以及機器數據模擬器。

此外，奇異為本地新創事業建立「數位工廠」，旨在刺激客戶和第三方開發商建構在Predix平台上執行的應用程式，這些位於巴黎、慕尼黑、上海、波士頓和新加坡等城市的數位工廠，目標是建立「創新生態系統」。[70]這些努力產生的結果是，到2017年12月，奇異已吸引二萬二千個應用程式開發商，建構在Predix平台上執行的應用程式，並且有一百五十種不同的應用程式可用。[71]為了實現成為工業物聯網主導平台的目標，奇異還需要吸引其他設備製造商加入Predix平台，包括其競爭對手。在最初只將Predix嵌入自家機器後，奇異開放Predix，讓其他製造商的硬體設備也可以使用。

數據的管理和使用：工業物聯網的希望在於，能夠蒐集、合併和分析大量數據，進而提高操作性能，同時預測和避免缺陷，並消除意外的停機時間。在大多數情況下，奇異的設備都是由不同家製造商的設備組成更大工業生態系統的一部分，唯有將特定工廠中所有設備（不僅僅是奇異的設備）的數據，組合到單一「數據湖」（data lake，又譯資料湖泊）中進行分析，平台和互補應用程式才能徹底發揮本身的價值，但是這種做法會引發數據使用和所有權的治理問題。為了達到效益，就需要來自廣大客戶和各種製造商的數據，但是客戶基於競爭因素，不願共享他們的營運數據，引述一位高階主管的說法，或許透過共享匿名數據的方式，「也許從現在起的五到六年後，我們將開始看到公司更願意共享能協作程度達到新水準的數據」。[72]為了減輕用戶對隱私的擔憂，奇異讓用戶能夠保留自己在Predix上處理所有數據的所有權，而奇異則擁有演算法。[73]

貨幣化——訂閱和混合平台的商業模式：最後，為了建構成功的平台，奇異需要能將平台貨幣化的策略。建構Predix的成本很高，單就2015年來說，奇異就花費將近5億美元。奇異打算使用訂閱模型將Predix貨幣化，並為企業客戶提供計量付費或預定組合方案等付費方式。在某些情況下，費用會跟機器運作成效有關，意即奇異會得到報酬，如果奇異讓機器性能大幅改善或減少停機時間，奇異一名高階主管表示：「我們深信訂閱模式將是未來趨勢，因此我們正試圖建立依據我們所創造的價值來制定費用的訂閱服務。」[74]

除了從客戶訂閱其平台中獲得收入外，奇異還希望透過依據第三方應用程式銷售或訂閱收入的百分比來獲得收入。雖然Predix主要是一個創新平台，但奇異希望藉由增加一個市集平台，將Predix定位為混合平台。奇異還開發數百套在Predix上執行的應用程式套件，並將其作為「軟體即服務」產品提供給客戶，但是這種商業模式的可行性主要取決於Predix的廣泛成功部署，也就是說，要獲得合理的回報將需要幾年的時間。

當我們完成這本書時，判斷奇異是否能轉型為平台公司還言之過早。奇異面臨激烈競爭以及龐大的執行障礙，比方說，奇異最大的工業競爭對手西門子（Siemens）提供自己的平台MindSphere。西門子將MindSphere形容為「用於物聯網的開放式作業系統」。[75]MindSphere的系統結構和技術跟Predix十分相似：是雲端式的「平台即服務」產品，使用SAP Cloud雲端服務，也就是建立在Pivotal公司的Cloud Foundry上。[76]

IBM和微軟還計畫直接跟奇異和西門子打對頭。2015年，IBM宣布啟動一個物聯網部門，將其Watson認知運算服務的分析功能，應用到物聯網設備產生的數十億個數據上進行分析。微軟的Azure雲端平台於2010年首次啟動，既是奇異的競爭對手也是其合作夥伴。即使奇異和微軟宣布Predix將於2018年可在Azure上使用，但Azure也提供許多相同的功能。同時，其他如亞馬遜、思科、日立（Hitachi）等大企業也正在設計自己的軟體平台，作為工業物聯網。此外，有超過一百二十五家新創公司試圖搶占物聯網市場的一部分，在工業物聯網平台的獨角獸類別中，至少有十幾家新創企業，包括C3 IoT、Flutura和Uptake。[77]

除了激烈競爭，奇異在推出Predix時還面臨其他問題，技術上的困難和延誤，阻礙Predix的落實。事實證明，將具有舊程式碼的舊系統移植到新平台上既困難又費時，結果是，一些客戶面臨安裝上的延遲、軟體出問題或缺少所需功能，而且Predix還未能達成內部開發目標。在這些奮戰過程中，Predix開發負責人哈瑞爾．柯岱石（Harel Kodesh）於2017年離職，繼任者將原本計畫暫停兩個月，先解決這些問題。[78]

經過兩個月後，奇異調整策略。首先，奇異開始專注於應用程式，「如今，高階主管們已經發現，跟單獨使用平台相比，應用程式更能為公司獲得業務，也對獲利更有幫助」。[79] 2017年9月，接替伊梅特的新任執行長約翰．弗蘭納里（John Flannery）認為，「奇異全力發展數位事業」，但他表示奇異將其平台定位於奇異的垂直產業，而不是整個工業物聯網。[80]其次，連同奇異的其他業務，Predix和奇異的數位化工作都需要降低成本。高階主管們認為，2017年奇異在數位化方面的7億美元投資，將是奇異在雲端領域的投資「高峰」。2017年年底，奇異公司的領導階層仍然對Predix抱持樂觀態度，但引述一位高階主管的話來說，「奇異承認，要正確地做到這一點，是一項艱鉅的挑戰」。[81]

2018年，奇異還公布令人沮喪的財務績效：該公司在2017年虧損近60億美元，當年股價下跌超過50%，維權投資者特里安基金管理公司（Trian Fund Management）贏得董事席位。為回應此事，弗蘭納里正考慮全面調整奇異的策略，包括出售200億美元的資產以及可能進行業務重組。弗蘭納里提出的其中一項變革是，奇異數位的策略持續轉變，不再強調Predix作為工業物聯網的創新平台，而是傾向於對奇異現有客戶銷售解決方案。弗蘭納里表示，該策略將「專注於少數應用程式」，包括資產績效管理和營運績效管理，他接著說：「我們將把平台投資集中在工業世界中真正與眾不同的事物上……我們將說服已經安裝Predix的用戶，多多使用這個平台和應用程式。」弗蘭納里聲稱，這種更審慎的做法將使奇異減少與Predix相關的支出約4億美元，減少的比例約為25%。[82]

在2018年2月，弗蘭納里在年度致股東信中還報告說：

「Predix驅動的訂單在2017年成長150%以上。」他同時表示，奇異預計「Predix產品的收入將在2018年成長一倍，約有10億美元」，跟奇異原先預計到2020年將產生120億美元的數位收入相比，這個數字顯然微不足道，然而弗蘭納里堅決主張：「我們對數位未來的信念絕對沒有改變，只是我們的做法要進行一些調整。」[83]

但弗蘭納里後續要面對另一個震撼彈，這件事震驚整個商業界。由於沒有達到財務目標，財務績效糟到嚇人以及渦輪機和發電業務持續虧損，奇異董事會在2018年10月，弗蘭納里任職僅十四個月後就將他革職，繼任者是奇異董事會新成員拉里·庫爾普（Larry Culp）。他是丹納赫集團（Danaher Corporation）的前執行長，[84]他成功帶領丹納赫這家多元投資的工業公司找出發展重點，但奇異面臨的挑戰卻大得多。目前還不清楚庫爾普是否會維持或改變奇異對Predix業務的發展方向。

奇異以及我們從奇異的經歷中學到的教誨是，從頭開始建構新平台可能是一項艱鉅的任務。我們認為，建立平台是奇異的正確策略，儘管如此，讓市場不同邊參與進來，解決雞生蛋或蛋生雞這個問題，建立可持續的商業模式，以及設計可接受的治理規則，就是一項龐大的長期任務，而且這項任務似乎超出奇異的能力所及。也許更為重要的是，成功的平台鮮少以這種雄心壯志為起點，而奇異可能已經陷入做過頭而力有未逮的陷阱。奇異的領導階層專注於對平台的承諾，卻沒有真正理解平台思維，也沒有讓組織內部清楚數位革命的嚴峻現實。

管理者和企業家該熟記的重點

在本章中，我們討論老字號公司如何進入平台事業，以介紹三種選擇為探討重點：與現有平台合作以銷售自家產品與服務、購買現有平台，或從頭開始建構新平台。老狗可以學會新把戲嗎？我們認為即使挑戰很多，但老狗還是可以學會新把戲。對於管理者和企業家，包括想在老字號企業啟動新平台業務的「內部創業家」來說，應該熟記四個重點。

首先，當公司規模夠大，可以獨自經營平台時，**通常在進入平台事業時，就要在自行建立平台或購買現有平台之間做選擇**。跟將新活動內部化的許多其他決策一樣，自行建構平台或購買現有平台之間的選擇，就以啟動時間為出發點。平台需要一套新的技能，然而許多傳統企業並不具備這類技能，尤其是在無法直接掌控的情況下，去推動合夥企業和開放式創新，並刺激經濟活動。如果老字號企業具備這些技能，而且平台啟動時間也獲得重視，那麼即使是最先進的技術公司也會發現，「購買」現有平台要比從頭開始建構更好。請記住，蘋果公司並未建構Siri，而是透過購買取得；臉書並未建立Instagram，而是透過購買取得；沃爾瑪意識到，建立自己的電子商務事業可能無法縮小與亞馬遜的差距，所以決定購買印度的Jet.com和Flipkart。從沃爾瑪將Jet.com整合到公司既有組織所面臨的挑戰可知，購買並不能「解決」問題，但可以啟動這個過程。

其次，**「加入」別人的平台，讓公司有機會利用平台的經濟條件**，即更大的影響力和降低成本的可能性。關鍵是要記住，在第三方平台上獲致成功，可能導致該平台成為最大競爭對手。當亞馬遜看到平台公司建立成功事業時，便以極具競爭力的價格進入該產品類別，亞馬遜這樣做眾所周知（也為此聲名狼藉）。同樣地，eBay收購PayPal，並成為許多合作夥伴的競爭對手。在過去幾年中，微軟、蘋果公司和Google重複複製曾是其創新平台第三方互補應用程式或服務，然後自行銷售這些產品或服務，這都是常見的做法。

第三，**小公司或新企業最好將自己的開發平台，建立在現有平台之上**，而不是自行建立平台。建立平台可能是一個很好的策略行動，尤其是在該領域相對較新且現有參與者或技術還未成熟到可以銷售的情況下。從頭開始建構任何新平台（尤其是跟奇異的Predix和工業物聯網一樣複雜的平台）面臨的挑戰是，既需要時間和金錢，也需要其他公司的合作。為了獲致成功，公司通常需要有雄厚的財力，也有時間慢慢等待。也許更具挑戰的是，管理者必須解決我們在第三章中討論的所有平台挑戰：選擇合適的市場邊（競爭者、買方、賣方等）；解決雞生蛋或蛋生雞的問題並建立安裝基礎；建構商業模式以透過平台獲利；制定治理規則，明訂誰將擁有數據和演算法、哪些行為可被接受和哪些行為不被接受。

第四，也是最重要的教誨是，**傳統企業的管理者不應該放棄**。老字號企業要從傳統指揮控制式的業務轉型到數位平台，這個過渡期是痛苦的，但隨著實驗的進行和策略的頻繁調整，成功轉型並非不可能。過程中難免會遭遇失敗和挫折，但總比什麼都不做要好。

接下來第六章的討論重點，將放在建構和管理平台時的治理挑戰。

第六章

平台是把雙刃劍

善用但不要濫用平台的力量

大眾對平台的態度丕變

別作惡霸：為反托拉斯和競爭問題預做準備

在信任與開放之間取得平衡：隱私、公正與詐騙

遵守勞動法：並非人人都該是承攬人

自我監管：早在監管機構出手前就先與其合作

管理者和企業家該熟記的重點

引述臉書共同創辦人暨執行長祖克柏所言：

2009年：「快速行動，打破成規。」[1]

2018年：「我們對自己該負的責任沒有足夠廣泛的了解，這是一個很大的錯誤。」[2]

成功的平台必定會獲得權力。跟公司的權力一樣，平台的權力可以採取不同形式，無論是以經濟還是以社會和政治等形式，但影響層面更廣。平台公司如何行使這種權力，反映出本身對平台事業另一個關鍵層面——「平台治理」抱持的立場。

如同臉書共同創辦人祖克柏在2009年所言，新創公司在初期階段可能希望「快速行動並打破成規」，但是在市場上取得優勢後，企業就會濫用本身的經濟實力，或無法在其他治理領域上處理得當，最終可能因此損失慘重。這種現象會出現在平台和各行各業中，也反映出祖克柏在2018年評論中承認的權力弊端，尤其是強大的平台可能剝奪本身生態系統成員的權利，引起事業夥伴（互補業者）和顧客的不滿與恐懼；他們也可能迫使陷入困境的競爭對手採取一致行動，還可能激怒政府監管機構，而監管機構已經證明，他們將打擊那些無法控制本身權力或野心的平台。因此，為了讓生意能長久經營下去，我們認為平台領導者必須意識到自己可能握有多大的權力，並了解如何善用這種權力。平台業者要面臨的挑戰是，如何在保持競爭優勢之際，讓本身的行為能被大多數社群視為合法、公正且合乎道德規範。

大眾對平台的態度丕變

直到最近，商業媒體（以及許多探討平台公司的商業書籍）中的主導語氣，都表現出對平台效率的讚許，以及對平台的創新速度和顛覆速度感到敬畏。我們和其他作者已經表明，許多平台確實令人驚嘆，他們可以減少搜尋和交易成本，並在短短幾年內徹底重組整個產業，我們已經在電腦、線上市集、計程車、飯店、金融服務和其他許多領域看到這種動態。儘管如此，大眾對平台的看法似乎已經有所轉變，媒體對平台的報導日趨負面，主要報章雜誌已紛紛呼籲，要求分拆Alphabet-Google。「刪除臉書」（#deletefacebook）運動在大眾中逐漸形成一股勢力。而Uber因為內部混亂，未能嚴格審查司機，又濫用數位技術〔譬如以「灰球」（Greyball）軟體，幫助司機在禁止Uber營運的市場中，規避執法機關取締〕，加上當地政府和計程車業代表的反對，差一點讓Uber就此瓦解。

為何如今事態會演變成這樣？平台在全球爆炸性成長三十年後，為什麼競爭對手、用戶和監管者開始正視平台對權力的使用和濫用？其中一個答案就是規模：最大的平台（蘋果公司、亞馬遜、Google、微軟和臉書）已經變得如此龐大又價值非凡，甚至比許多政府更具影響力也掌握更多財富。這些頂級平台公司集結成的群體，已經獲得如此強大的權力，以至於《紐約時報》專欄作家將他們稱為「可怕的五強」（the Frightful Five）。[3]

這些技術巨頭可能已經變得大到無法控制。Google和臉書占據三分之二的數位廣告市場；蘋果公司則拿下智慧型手機市場90%的利潤；而亞馬遜掌握美國超過40%的電子商務；微軟仍擁有全球90%的個人電腦作業系統；英特爾則依舊為個人電腦提供約80%的微處理器，為網路主機提供90%以上的微處理器；臉書可能占社群媒體活動的三分之二。如今這些富可敵國的平台巨擘，也像2008年至2009年金融危機中的大型銀行那樣，大到不能倒嗎？想想平台最近如何引發假新聞的傳播，俄羅斯如何操控社群媒體影響選舉，顯然我們已經到了一個轉折點。現在，我們必須將最有權力的平台公司視為雙刃劍，我們必須知道他們既能行善，也能作惡。

平台帶來的一些威脅，反映出典型的經濟問題，譬如濫用市場力量。在非數位世界中，政府通常透過反托拉斯法解決這些問題。實際上，幾乎每個大型平台公司都面臨美國、歐洲或中國的反托拉斯行動，在1994年至2005年期間，微軟和英特爾多次成為目標；過去十年來，Google（及其自2015年成立的控股公司Alphabet為其母公司）一直是主要目標，其中包括歐盟委員會針對Google垂直式搜尋（vertical search）和Android行動作業系統的做法，提出備受關注的訴訟案件；蘋果公司則因與電子書出版業者聯手操控電子書價格，提高消費者支付金額，而被判有罪。最近，耶魯大學（Yale University）法學院一名學生發表一篇被廣泛引用的論文，文中論述為何必須修改反托拉斯法，以因應來自亞馬遜和其他平台企業的威脅，即使這些平台企業在特定市場中的市場占有率，仍遠低於反托拉斯訴訟的認定門檻，但是他們帶來的威脅卻不容小覷。[4]

儘管如此，有關反托拉斯方面的擔憂和濫用市場力量的跡象，仍然沒有完整的報導。比方說，2018年涉及臉書和劍橋分析公司的醜聞顯示，劍橋分析公司在未經臉書用戶明確同意的情況下，就取得八千七百萬臉書用戶的個人數據。該公司利用臉書隱私控制功能的漏洞，將三十萬名自願回答臉書心理測驗的用戶，變成操控全國選民看法的武器。最終，劍橋分析風暴引發更廣泛的問題，意即誰應該對平台上的活動負責並負起法律責任。不同市場「邊」的參與者是否應對其特定行為負責？還是平台業者必須承擔責任？比方說，阿里巴巴是否要對本身交易平台淘寶上銷售的仿冒品負責？YouTube是否對上傳到其平台的盜版內容負責？誰應該對用戶發布到世界各地許多平台的暴力內容或極端言論內容負責？

從另一方面來看，有人認為平台並沒有錯，他們將平台視為被動管道，認為平台的唯一作用是充當促進創新或交易（包括資訊交換和內容創作）的媒介。他們的推論是：電話公司是否該為用戶電話內容發生的非法對話負責？可能不用。但是當我們進入一個更模稜兩可的領域：鐵路公司是否應對其鐵路網內發生的盜竊或恐怖攻擊負責？可能要負責，也可能不必負責，就看企業有沒有做出社會認為合理的努力來保護其用戶。

有些公司喜歡使用「技術上不可能防制」這種說詞來規避責任，他們認為無法監視自家平台上可能發生的所有活動。顯然，隨著每天數十億用戶的互動，監視和控制平台所有活動，就變成不可能的任務，儘管隨著技術的進步，這項任務變得愈來愈可行。但是，在發生臉書和其他平台的一系列相關事件後，社會大眾以及公司高階主管和董事會都確信，平台確實對取締「行為不良者」和非法活動負有重大責任。

並非所有跟平台有關的爭議都涉及到擁有強大影響力的美國大企業，舉例來說，在中國，小額貸款平台蓬勃發展，為信用評級較差的新創公司或小公司提供貸款服務。這些平台聲稱是做資方與貸方的媒合者，並且不受中國主要金融體系控制，他們向為數約四百萬名的小投資者承諾，投資報酬率高達50%。加上國營銀行提供便利的匯款管道，使得投資看似比實際情況更為安全。中國政府在2016年至2017年開始嚴厲取締，詐騙90億美元的貸款平台e租寶創辦人被判處無期徒刑。

根據一個產業消息來源指出，光是2018年7月，中國就關閉一百六十八家這類可疑的貸款平台。[5]回想起來，這些平台大多只是以「共享經濟」作掩護，背地裡進行龐氏騙局。

關於政府應該和不應該允許平台做什麼，這方面的討論其實跟平台監管有關。有些平台將自己定義為「技術公司」，聲稱產業監管對他們並不適用，藉此掩護本身的平台事業。Uber聲稱所屬事業並非運輸服務，不應像計程車公司那樣受到監管；臉書聲稱本身不是一家媒體公司，而且媒體監管與其營運無關；Airbnb聲稱本身不是餐飲業者或飯店業者，只是為房客和房東做媒合；中國的貸款平台將本身視為點對點借貸的媒合者，而不是銀行。這些具有爭議的類別似乎是監管機構和企業律師才感興趣的難解課題，但其實也會對平台公司、個人用戶及其投資者的財務和物流層面產生影響。

在本章中，我們認為管理者和企業家應該嘗試利用但勿濫用平台的力量。平台將設法利用本身的優勢地位，但必須避免或盡量減少反托拉斯和社會大眾關切所引發的挑戰。我們依據四個準則編排本章的討論：別作惡霸、在信任與開放之間取得平衡、遵守勞動法，以及自我監管。

別作惡霸：為反托拉斯和競爭問題預做準備

平台可以從許多方面濫用本身的權力，其中違反反托拉斯法的代價可能最高。在贏家通吃或贏家拿到最多好處的世界裡，網路效應促使產業集中在少數主導的平台公司。平台公司有很多機會行使市場力量，損害消費者福利，危害本地或全球競爭對手，並透過壟斷或幾近壟斷的優勢獲取利益。反托拉斯案件是既昂貴又耗時的事務，通常需要好幾年時間才能解決，而這種案件的最低限度是會讓管理高層嚴重分心。當政府確定公司違反反托拉斯法時，矯正措施可能讓企業痛苦萬分，從罰款（以歐盟來說，企業面臨高達全球年收入10%的罰款）和行為限制（對可能是企業競爭優勢核心的特定行動加以限制），到結構性解決方案（如將公司分拆）不等。回想一下，美國司法部在2000年建議分拆微軟，但這項矯正措施因微軟繼續上訴而被推翻。

微軟反托拉斯案的省思

微軟在美國和歐洲的眾多反托拉斯案件已經廣受討論，我們在此回顧關鍵事實，以突顯當前平台公司面臨的最大風險和商業課題。[6]微軟反托拉斯案的驚險歷程從美國聯邦貿易委員會（Federal Trade Commission）在1990年進行調查揭開序幕，隨後在1994年簽署同意判決，並在1998年由美國司法部和美國二十個州提起訴訟。其中一個核心問題取決於微軟是否在Windows作業系統上使用其壟斷地位，迫使電腦製造商排除網景設計的瀏覽器。2000年，一位聯邦法官裁定微軟違反反托拉斯法，並下令將該公司分拆，將作業系統業務跟應用程式和網路業務分開。微軟提出上訴，於是在2002年批准新的同意判決，對微軟的某些做法加以限制。這份美國同意判決於2011年正式期滿失效。[7]

同時，歐盟委員會針對微軟未能提供介面資訊，以便讓競爭對手連結到Windows作業系統，提出另一項反托拉斯訴訟。[8]歐盟委員會後來在2001年擴大指控，將微軟在Windows作業系統安裝Windows Media Player這種綁定的反競爭行為包含在內。2004年，歐盟委員會得出結論，微軟利用其在個人電腦作業系統市場上近乎壟斷的優勢，轉向進入工作群組主機作業系統和數位媒體播放器市場，因此違反歐盟法律。歐盟委員會下令微軟支付4.97億歐元（6.2億美元）的罰款，並透過「合理且非歧視性的條款」要求微軟提供介面資訊。後續又在2006年、2008年和2011年增加其他罰款，對微軟的違規行為處以21億美元罰款。[9]當美國同意判決於2011年到期時，微軟發表這項聲明：「我們所經歷的一切，改變了我們，也塑造我們對產業的責任感。」[10]

儘管在美國和歐洲對微軟的訴訟案中，確切的指控有所不同，但其中的共同點是，監管機構指控微軟（並判其有罪）濫用公司在個人電腦作業系統的主導地位（個人電腦作業系統是智慧型手機出現前廣泛使用的創新平台）。微軟第一套排他式做法涉及**霸凌**電腦製造商〔通常稱為原始設備製造商（original equipment manufacturer，簡稱OEM）〕，舉例來說，微軟威脅要取消其Windows授權，以阻止電腦製造商將競爭對手的瀏覽器（如網景的Navigator）加載到跟微軟Windows綁定的電腦上。如同我們在1998年所寫的《誰殺了網景》一書中所提到的，微軟經常採用這些策略，而且依我們所見，微軟顯然「跨越界限」，非法利用本身的壟斷權力來減少競爭。[11]

第二套排他式做法與**綁定**（tying）有關：微軟將互補組件（如Media Player或Internet Explorer瀏覽器）與Windows一起綁定，而且不跟終端用戶收取額外費用。這樣做，平台業者有效地降低，甚至消除競爭對手產品對消費者的吸引力。

微軟在歐洲被認為是非法的第三套做法，涉及以介面資訊的形式，阻止第三方業者合理**使用**平台，讓第三方業者無法成為互補業者。歐洲反托拉斯當局最終宣布，平台公司必須提供使用平台的權限，並建構一個對第三方互補業者「合理且無歧視的公平競爭環境」。[12]

微軟的案例突顯出當今平台公司的一個重要課題：為了保

持主導市場的地位，企業其實沒有必要做出違反反托拉斯法的行為。平台業務一旦成立，就很難撤離，微軟就算**沒有**違法霸凌個人電腦製造商、競爭對手和互補業者，也很可能保留本身絕大部分的個人電腦作業系統市場占有率，以及在瀏覽器和媒體播放器的主導地位。在許多方面，微軟採取不必要的競爭捷徑，微軟沒有依靠產品和技術的優點，而是試圖利用其在作業系統上的地位，讓競爭對手處於劣勢。然而，由於微軟以Windows作業系統和Office套裝軟體獲得龐大市場占有率，因此擁有許多優勢，加上資金雄厚，對如何善用本身平台技術有獨到見解，微軟其實有可能贏得大多數戰役，而不必上法庭。儘管如此，一家又一家主要平台公司卻因為濫用平台權力，陷入這種非必要的妄想，而落入類似的陷阱。接著，我們繼續檢視另一個實例：Google以Android作業系統壟斷手機市場。

Google以Android作業系統壟斷手機市場

Alphabet-Google取代微軟成為反托拉斯行動的主要焦點，尤其是在歐盟。事實上，歐盟有三起針對該公司的訴訟案。第一起訴訟案於2010年提出，跟Google在其搜尋引擎中的行為有關，歐盟指控Google推廣自己的「垂直式搜尋」結果，而不是一般內容搜尋結果。第二起訴訟案的重點是，Google如何阻止使用其搜尋欄和關鍵字廣告的網站刊登競爭性廣告。第三起訴訟案涉及Google對Android的管理。Google Android的案例突顯出一個占主導地位的創新平台，即使這個平台是免費的（與微軟Windows不同），也可能受到反托拉斯控訴的抨擊。

我們在先前章節中討論過，Google如何授權智慧型手機和平板電腦製造商，免費使用Android行動作業系統，但透過銷售本身搜尋引擎產生的廣告來賺錢。這種多邊平台策略沒有任何違法行為，但是歐盟委員會於2016年指控Google對手機製造商和行動通訊業者施加條件，旨在保護Google的搜尋引擎得以壟斷市場。[13]歐盟委員會的控訴指出，Google在三個方面違反歐盟反托拉斯法的原則：(1)要求製造商預先安裝Google Search和Google的Chrome瀏覽器，並要求他們將Google Search設定為設備上的預設搜尋服務，以作為免費使用某些Google專有應用程式的條件；(2)防止廠商銷售使用Android開放原始碼的其他競爭性作業系統的智慧型行動設備；(3)對製造商和行動通訊業者給予財務獎勵，條件是製造商和行動網路業者必須在其設備上預先安裝Google Search。歐盟委員會負責競爭政策的執行委員瑪格麗特・維斯塔格（Margrethe Vestager）解釋說：「我們認為，Google的行為否決消費者對行動應用與服務的更多選擇，並且阻礙其他參與者的創新，違反歐盟反托拉斯法的原則。」[14]

實際上，歐盟指責Google犯下跟微軟同樣的罪行，都有綁定、霸凌和排他的行為。如同微軟捍衛其90%以上的個人作業系統市場占有率，Google捍衛其約90%的全球搜尋市場占有率，以及80%的智慧型手機作業系統市場占有率。儘管表面上看來，Android是「免費」和「開放原始碼」，但歐盟委員會的調查顯示，使用Android作業系統的智慧型手機製造商，必須在手機裡預先安裝Google的Play Store。因為Google在與手機製造商簽定的合約中，授權手機廠商在Android設備上免費使用Play Store，條件是預先安裝Google Search，並設定為預設搜尋服務，將這些產品和服務跟Android平台一起綁定。結果，競爭對手的搜尋引擎就無法成為在歐洲銷售的大多數智慧型手機和平板電腦的預設搜尋服務。

同樣地，Google與製造商的合約要求預先安裝其Chrome行動瀏覽器，以換取免費使用Play Store或Google Search。Google的辯解是，Google希望減少市場碎片化，並讓應用程式開發商更容易編寫適用於所有Android手機的新應用程式，而且能讓消費者更容易獲得一致的體驗。但歐盟委員會認為，瀏覽器是在行動設備上進行搜尋查詢的重要切入點，而Google要求減少製造商預先安裝競爭對手瀏覽器應用程式，也降低消費者下載這些應用程式的動機。

歐盟因反競爭行為分別在2017年對Google的母公司Alphabet處以27億美元的罰款，以及在2018年處以51億美元的罰款。在本書出版之際，Google正在提出上訴。我們認為，早在事態發展到這種階段前，Google應該從微軟的案例中學到教訓才是，Google應該更妥善因應歐洲的反托拉斯法規，並使用較不具侵略性的合約。在Android剛起步初期，Google努力發揮其功能極限是有道理的，Android是智慧型手機平台事業的新進入者，由於市面上有好幾種Android版本，好幾種瀏覽器和應用程式商店，這種市場碎片化無疑會引起消費者的困惑，並降低應用程式開發人員支持與Android版本不相容者的動機。但是，跟微軟的案例類似，一旦Android在「行動作業系統大戰」中勝出，那麼無論合約條件如何，絕大多數智慧型手機製造商都可能將Google Chrome和Google Search跟手機綁定（請記住，蘋果公司不以任何代價將其平台技術授權給任何人使用）。雖然有其他應用程式商店和瀏覽器存在，但它們不可能阻止Android這股潮流，到2015年時，有鑑於本身主導地位，以及可使用Play Store、Google Search和Chrome的消費者利益，Google根本沒有必要成為市場惡霸。

在信任與開放之間取得平衡：隱私、公正與詐騙

反托拉斯只是平台治理的一項挑戰。有關平台上所進行活

動的責任與義務，這類問題日益受到關切。所有平台都需要信任，字典對「信任」（trust）的定義是：「對人或事物的完整性、力量、能力、保證的依賴；意即信心。」[15]由於大多數現代平台將市場參與者連結在一起，不然市場參與者就難以進行互動，因此信任至關重要。

為了保持信任，平台需要防止「不良分子」汙染平台、損害其他平台用戶，或以其他方式損害平台的聲譽，這種主動預防過程通常被稱為「策畫」平台。策畫可以採取幾種形式：限制誰可以加入；限制可以在平台上進行什麼活動；施加透明度並認證成員；向用戶提供控制權，譬如誰可以聯繫用戶、誰可以看到用戶的內容、如何限制誰可以造訪用戶提供的資訊（如臉書或LinkedIn的隱私設定）；監視平台上的活動（例如刪除被認為不適當或非法的內容）。

但是策畫不是萬靈丹，也不是免費的。對大量用戶及其內容的管理可能難以有效執行，而且執行起來也耗資不斐。儘管人工智慧工具讓策畫平台變得更容易也更便宜，但現今的技術還不足以替代人為干預，企業仍需要成千上萬的人員來監管一個大型平台。此外，策畫其實可能適得其反，在第四章中，我們討論eBay如何在其中國網站上進行仿冒偽造檢測，卻因此流失20%到40%的用戶群，許多消費者之所以去阿里巴巴，是因為他們**想要**獲得仿冒商品並故意購買仿冒商品。策畫甚至可能激怒倡導言論自由者，他們認為下架內容就是向審查制度靠攏。[16]最後，根據定義，策畫平台也會限制用戶數量，進而降低網路效應的強度。

臉書的治理挑戰

臉書是研究「維持信任」這項挑戰的典型代表。從2016年年初開始，臉書面臨一系列糾纏不清的爭議，讓人們質疑臉書作為開放平台的身分。而祖克柏和其他管理者則為臉書的平台身分進行強有力的辯護。先前我們已經說明這些爭議的一些細節，問題很複雜，但可以簡化為平台治理的兩個主要問題：臉書對於監視及策畫其平台上共享內容的責任為何？臉書應該採取什麼措施來保護用戶的隱私，並確保第三方開發人員和廣告商不會濫用用戶數據？

臉書不僅是分享個人資訊的平台，也是人們發現新聞和消費新聞的主要方式，所以臉書變得愈來愈重要，因此臉書已經因為本身網站上張貼內容的性質和素質飽受批評，而面臨諸多挑戰。臉書經常在某種程度上對內容進行監管，譬如刪除被認定為暴力、色情、傳達仇恨言論或騷擾的內容。不過在成立初期，臉書主要依靠用戶來標記令人反感的內容，如果貼文內容違反平台政策，臉書將對其進行審查和刪除。

儘管對新聞業務的影響力日益增強，臉書仍然堅稱本身是一個開放和中立的平台，而不是發行商或媒體公司。其實在2016年年初，臉書因涉嫌壓制保守觀點而受到批評，執行長祖克柏被問及臉書「是否將成為分享所有想法的開放平台或內容策畫者」時，他堅決地回答：「我們是一個開放平台。」[17]然而，跟2016年大選有關的事件，卻讓人們質疑臉書對待新聞內容保持中立的承諾。在競選過程中，臉書平台上的假新聞激增，用戶經常分享這些假新聞，最令人震怒的是，俄羅斯利用臉書發起宣傳活動，設立假帳號發布假新聞影響2016年總統大選。儘管相對於臉書整體規模而言，這些假帳號的數量相對較少，但貼文的病毒式傳播卻擴大假新聞的影響力。一項僅用六個假帳號發布五百則貼文所做的研究顯示，用戶分享次數高達三億四千萬次。[18]

這一切讓美國內部的兩極化和分化更加惡化，臉書因此受到大眾和政界人士的嚴厲批評。在大多數發展中國家（中國除外），風險甚至更高，在那些地方，臉書的行動應用程式已成為人們消費新聞的主要方式。近年來，在臉書上散布的假新聞和誤導性報導，助長緬甸和斯里蘭卡等國的種族和宗教暴力，如同一位觀察家所言：「臉書是許多數位用戶的互動網路，再加上數位素養水準低落，這個事實讓假新聞和網路仇恨言論在緬甸變得更加危險。」[19]

批評者指責以這種方式使用臉書的惡意行為者，只是在利用臉書的平台模式，該模式根據新聞的觀看、按讚和分享的次數來評價新聞。事實證明，跟健全的新聞報導相比，兩極化、簡單化和虛假的新聞往往產生更多的用戶參與度（以及更多的廣告收入）！臉書一名高階主管在2017年年底承認：「如果我們僅僅依據原始點擊和互動來獎勵內容，其實我們會看到更多煽情、誘騙點擊、鼓吹兩極化和分化的內容。」[20]諷刺的是，這種對社會結構不利的內容，卻對臉書的營收有利，正如《連線》雜誌所指出的那樣，臉書「針對新聞和駭人聽聞的垃圾內容刊登廣告，很容易吸引人們進入該平台」。[21]

大眾的強烈反彈和政治人物的審查，促使祖克柏和臉書重新審視監控平台內容的方式，並為取締內容做更多的努力。祖克柏於2018年1月宣布，臉書將改變其選擇要在動態新聞中顯示何種新聞的演算法，這項重大舉措讓臉書更遠離中立平台。臉書的新目標是，依據對臉書用戶的調查得出可信賴的新聞來源，藉此宣傳新聞來源「值得信賴」和「有資訊價值」。[22]

臉書還宣布將更加努力透過人工監控，使用第三方事實查核程式和改進演算法，來抓出假新聞、外國干預和假帳號。臉書產品管理副總裁蓋伊．羅森（Guy Rosen）表示：「我們都有責任確保，我們的民主不會再遭受同樣的攻擊。」[23]但是加強監控必然會導致妥協，如同祖克柏指出的那樣：「當你考慮假新聞或仇恨言論等問題時，沒錯，這是在言論自由和自由表達，與安全和資訊公開社會之間做權衡取捨。」[24]

直到最近，社群媒體平台仍堅稱本身不是發行商，而是其用戶生成的未經編輯和未經審查資訊的被動管道。在2018年，大型網路平台尚未被合法視為發行商，這是因為1996年《美國通訊規範法》（U.S. Communications Decency Act）中所謂的「避風港」（safe harbor）條款所致。這是網路法規中的一個里程碑，該條款規定平台對人們在其網站上發布的內容概不負責，但是這項法令最初旨在保護報紙評論區等區域。該法令的適用範圍已經相當廣泛，幾乎涵蓋社群媒體和共享網站上的所有內容。[25]

社群媒體平台不希望被視為發行商的原因之一是，發行商對其編輯和發布決定負有法律責任。如果報紙發表誹謗或損害他人聲譽的報導，就可以對其進行起訴，而且如果報紙侵犯他人版權，就可能要承擔賠償責任。[26]平台拒絕策畫或縮減某些內容的另一個原因僅僅是數字遊戲，比方說，臉書一名高階主管認為，所有內容都對平台有利，因為更多內容就能滿足更多用戶的需求，並助長網路效應，甚至有人主張，內容愈離譜或愈令人震驚，流量就愈大。[27]但是，對於這種表面中立的強烈反對，以及許多被臉書和其他社群媒體認定的不當行為，已經讓社群媒體平台的「中立」立場愈來愈站不住腳。

實際上，透過審查並選擇內容，臉書進一步遠離其作為中立平台的身分，而朝著充當發行者的方向邁進一步。臉書在2018年年初已經雇用大約一萬五千名內容審查員，祖克柏向美國國會承諾到年底這個數字將增加到二萬。[28]而劍橋分析公司醜聞進一步讓臉書的合法性與信任問題加劇，劍橋分析公司於2014年蒐集臉書用戶數據，當時臉書的規則允許應用程式蒐集用戶及其臉書朋友的個人資訊。到2015年，臉書改變其政策，取消第三方開發商蒐集有關應用程式用戶朋友之詳細數據的功能，但對於許多用戶而言，仍然不清楚第三方應用程式開發商使用個人數據到何種程度。

為解決隱私政策中的明顯漏洞，臉書在2018年4月對第三方應用程式可以取得資訊一事，制定額外的限制。[29]當然，施加此類限制會產生更多權衡取捨，對於作為開放平台的臉書商業模式而言，第三方應用程式蒐集和分析用戶數據的能力至關重要。應用程式的高成長率取決於，應用程式開發商和廣告商從用戶數據中獲得讓定向廣告效益漸增的獨到見解，如同一位觀察家所言：「第三方應用程式開發商（已經）在臉書平台上建構數百萬個應用程式，這讓臉書用戶有更多理由花時間在該網站上，並為該公司帶來更多的廣告收入。限制對數據的取用會限制臉書對開發商的實用性，並可能促使開發商在競爭對手的平台上建構應用程式。」[30]祖克柏在2018年的一次採訪中承認目前情勢很緊張：「我確實認為在平台初期，我們就擁有這種非常理想的願景，設想數據可攜性將如何帶來這些不同的新體驗。我認為我們從社群和全世界得到的回饋意見是，人們更加重視隱私和將數據鎖定，這一點比更容易攜帶更多數據和擁有不同種類的體驗更為重要。」[31]

與臉書的假新聞問題類似，劍橋分析公司的所作所為促使臉書進行更強大的監督，落實與數據共享有關的規則。劍橋分析公司事件爆發時，臉書要求應用程式開發商提供法律證明，證明數據已被銷毀，臉書還獲得劍橋分析公司的保證，他們沒有收到臉書的原始數據。但事實證明這些保證都是騙人的，祖克柏後來承認將這些保證信以為真，根本是一大錯誤。

臉書的例子讓其他平台學到很多。劍橋分析公司醜聞除了對臉書的股價和市值造成巨大衝擊，潛在的信任損失還引發更嚴重的反撲和更多的審查，像「刪除臉書」這類運動迅速發展起來，從長遠來看，這可能會對該公司造成更大的危害。臉書的經驗也預示先發制人的重要性，而不是傻傻地等待下一次危機出現。從規模上來說，功能強大的平台必須在平台上落實行為準則，並且至少進行適度的策畫，然而開放性與策畫之間的權衡取捨會為平台治理帶來一個根本的困境：一方面，平台應該對平台的使用方式承擔一些責任；另一方面，很少有人希望平台成為新的審查員。比方說，在2018年8月發生一場激烈辯論，當時臉書、蘋果公司、Spotify和YouTube取締美國右派廣播電台InfoWars主持人暨政治評論員艾力克斯・瓊斯（Alex Jones）。[32]實際上，數位平台正設法讓自己魚與熊掌兼得：利用本身不是發行商來逃避責任，同時卻愈來愈像發行商那樣，決定哪些觀點和人士可以出現在其平台上。

遵守勞動法：並非人人都該是承攬人

對金融投資者來說，平台最吸引人的功能之一就是：平台是輕資產。Uber並不擁有計程車，Airbnb沒有公寓或房屋，OpenTable也沒有開餐廳，相反地，大多數平台將具有寶貴資產和技能的人員或公司，跟希望取用這些資產和技能的其他人員和公司聯繫起來。儘管輕資產平台可能為投資者提供高槓桿報酬，但卻為人力資本帶來另一個挑戰：平台應如何管理主要由「獨立承攬人」組成的勞動力？與雇傭人員不同，獨立承攬人沒有任何福利，無法取得工時或最低工資等保障，這讓使用承攬人的企業可以降低人事成本。2017年，美國有五千七百萬名自由工作者，對於其中三分之一的人來說，自由工作是他們的主要收入來源。[33]Upwork執行長卡斯里爾聲稱，這類工作者的成長速度是傳統勞動力的三倍。根據一項估計顯示，如果當前的趨勢持續下去，到2027年，自由工作者將占美國所有勞動力的50%。[34]

諸如Uber、Grubhub、TaskRabbit、Upwork、Handy和戶戶送這類平台，都將本身大部分勞動力歸類為獨立承攬人。這些公司證明這種做法是合理的，因為工作者傾向於將工作當成副業，可以彈性調整工作時間。其實，這種歸類主要跟節省成本有關，平台高階主管估計，將工作者歸類為雇員的成本往往比歸類為承攬人的成本高20%至30%。[35]因此歸類就是一大關鍵，因為許多交易平台新創公司都依賴這種歸類，以避免高昂的人事成本，甚至有人認為，如果法律要求新創公司將其所有相關人員歸為雇員，則整個「零工經濟」將會因此瓦解。[36]但是這種廣泛的做法正引發與日俱增的爭議，在美國，雖然許多法規都以工作者對工作有多少掌控程度為依據，但由於確定獨立承攬人和雇員身分的法律因各州而異，甚至因城市而異，所以情況變得更加複雜。

關於承攬人最引人矚目的辯論，涉及到Uber和共乘平台。Uber司機究竟是雇員或承攬人，兩派說法各有擁護者，[37]認為司機是承攬人的論點是，司機提供工作使用的工具（汽車），是依據工作計酬，並且可以自行控制工作時間、載客地點、是否接受乘客的乘車要求；認為司機是雇員的論點則是，Ube制定乘客支付車資費率、支付方式、司機必須載送哪些乘客，而評分低於4.6的司機，Uber會馬上從應用程式中將其刪除。相較之下，Uber的競爭對手Lyft在2016年1月，同意支付

1,230萬美元作為勞資訴訟和解的部分條件。[38] Lyft還同意更改與司機的服務協議條款，這樣Lyft只能基於特定原因，譬如乘客評分過低，才能將司機停權，讓司機有機會在被停權前，先解決本身乘客評分過低的問題。Lyft還同意為被停權而想申訴的司機或提出其他賠償投訴的司機，支付仲裁費用。

如果雇主主要關注的是工作成果，就很有可能將工作者都歸類為獨立承攬人，但是如同幾個案例所示，當雇主開始控制工作內容和工作方式時，這種歸類就容易跟雇員產生混淆。

Handy平台的案例

Handy是2012年從哈佛大學所發展出來的新創平台，最初是為清潔工與有居家清潔需求者進行媒合，後來將其擴展到其他「雜務工」服務。根據報導，截至2018年，該公司在美國、加拿大和英國等地，已經籌募超過1.1億美元的創投資金。Handy提供一種輕鬆的方式，安排清潔和其他工作的協助，用戶可以透過顧客評分和背景調查，審核想雇用的清潔工。作為交易平台，Handy為服務供應商（工作者）和用戶提供價值，使用Handy的工作者可以更輕鬆地吸引新顧客，並確保本身得到適當的報酬，借助Handy，他們依據線上評價，可以拿到15到22美元不等的時薪；尋求協助的用戶發現，利用平台審核和評分制度，更容易找到合適的幫手。

跟其他提供這類服務的平台一樣，Handy將這些清潔工歸類為承攬人而不是雇員。Handy的執行長歐辛．哈拉漢（Oisin Hanrahan）聲稱，承攬人制度的最大好處是，被Handy稱為「專家」的清潔工，可以自由調整自己的時間表，哈拉漢表示：「我們的專家重視靈活性，並有權利決定在何時何地工作。其中50%的人每週工作不到十小時，而80%的人每週工作少於二十小時。通常，他們從事另一項工作，在學校念書或照顧父母。」他補充說：「用管理每週工作四十小時且有福利者的同一套制度來管理間歇性工作者，這樣做並不合理。」[39]

但是將這類工作者歸類為承攬人，持續引發更多爭議。加州律師香農．利斯—里奧丹（Shannon Liss-Riordan）因主導工人集體訴訟對抗交易平台公司而遭致罵名。她曾帶頭針對Uber、Lyft和其他九家提供隨選服務的公司提出訴訟，在接受《財星》雜誌採訪時，她嘲笑Handy執行長的評論：「這些論點太過空洞。清潔工沒有得到工資保護，也沒有得到工作者的賠償或失業保險。」利斯—里奧丹說，「Handy不僅是分類廣告網站，還像雇主那樣掌控勞動力」。她補充說Handy使用培訓手冊與該公司對工作規則和價格的控制，以及要求其工作者戴上「Handy」的標示，在在證明Handy的清潔工是雇員。[40]

2017年8月，美國國家勞動關係委員會（National Labor Relations Board）針對Handy提出控告，指控儘管該公司提出相反的說法，但提供居家清潔服務的工作者應被視為是雇員。國家勞動關係委員會提到，Handy「有權將其清潔工歸為『獨立承攬人』，但事實上他們是法定雇員」，而且他們有權獲得聯邦勞動法的保護。[41] Homejoy公司是另一家隨選清潔服務公司，也於2015年因為將工作者歸類為承攬人，而被提起集體訴訟，最後不得不結束營運。目前我們還不清楚Handy將來會如何運作，或者管理高層是否會改變公司對工作者如何歸類的立場。

英國外送平台戶戶送的案例

承攬人與雇員的歸類困境不僅是美國的問題，我們也可看到英國外送平台戶戶送同樣遭到類似的控訴。在倫敦街頭，經常可以看到戶戶送外送員的身影，他們騎著自行車，配送顧客透過行動應用程式訂購的餐廳美食。作為自雇承攬人，戶戶送的外送員無權享有正規工作者的權利，包括有薪病假和國民生活工資（national living wage）。[42]英國獨立工作者工會（Independent Workers Union of Great Britain，簡稱IWGB）於2017年提出一個測試訴訟，為倫敦康登鎮（Camden Town）和肯蒂什鎮（Kentish Town）的戶戶送外送員，爭取工會認可的權利。聽證會在英國中央仲裁委員會（Central Arbitration Committee，簡稱CAC）舉行，中央仲裁委員會是一個獨立機構，負責判決跟工會有關的法定認可和取消認可的集體訴訟。中央仲裁委員會認同戶戶送的論點，即其外送員是自雇承攬人而不是雇員。

中央仲裁委員會的決定是基於一種名為「不受限制的代理權」的特殊做法，這是戶戶送在康登鎮和肯蒂什鎮的做法，外送員可以指名任何人代替他們送貨，不必經過戶戶送事先批准，就可以使用這項權利，但是代理人不能做出讓戶戶送跟外送員終止供應商協議，或做出可能讓戶戶送有理由終止協議的行為。如果一名外送員指名一位代理人，這樣做並不會有任何不利的後果；同樣地，外送員不必接受一定比例的工作，也不會因為拒絕工作而受到處罰。外送員代理或獲得工作代理的能力，是中央仲裁委員會認定他們不是「雇員」的關鍵。[43]由於合約的變更僅在裁定前幾週發生，因此英國獨立工作者工會代表聲稱，戶戶送在「制度上做手腳」。[44]中央仲裁委員會的這項決定只影響到北倫敦的一小塊區域，在其他地方，戶戶送與外送員簽訂各種形式的合約，英國獨立工作者工會則在2018年，申請司法審查，撤銷中央仲裁委員會的決定。

整體情勢：持續變動的法律制度

如何歸類工作者的問題並不是平台獨有的問題，舉例來說，聯邦快遞（FedEx）長久以來一直試圖將其司機歸類為獨立承攬人。聯邦快遞也面臨挑戰，包括由加州二千名快遞員提出的兩起集體訴訟，以及印第安納州和美國其他十八個州超過一萬二千名快遞員提出的另一起訴訟。在這些訴訟中，司機們聲稱他們的工資水準低於全職工作者。聯邦快遞於2015年6月以2.27億美元和解第一起訴訟，[45]並於2017年以2.27億美元和解第二起訴訟案。[46]

勞動力法規將在不斷變化的法律環境中繼續審理，對於平台或其他公司而言，將工作者歸類為獨立承攬人將變得愈來愈困難。在2018年4月一項具有里程碑意義的裁決中，加州最高法院大幅降低加州企業將工作者歸類為獨立承攬人，而不是雇員的可能性。[47]該判決假定所有工作者都是雇員，並提出一個新的由三部分組成的「ABC」測試。企業必須滿足該項測試，才能將工作者歸類為獨立承攬人，並將證明任何特定工作者可被歸類為獨立承攬人的責任交由企業承擔，而非工作者承擔。依據這個ABC測試，企業要負責證明工作者都符合以下這三個因素：

(A) 無論是根據工作績效合約，還是以實際情況來說，工作者在工作績效方面均不受雇用實體的控制和指示。
(B) 工作者從事的工作不在雇用實體的業務範圍之內。
(C) 工作者通常從事獨立建立的交易、職業或業務。

這項發展標示出與先前法規的實質性變化。幾十年來，在加州的普通法測試中，無論工作者是雇員還是獨立承攬人，都涉及到雇主的「控制權」，意即工作者履行職責的做法和方式。在加州這項新裁定中，企業未能證明ABC測試的任何一部分，將導致企業必須依據適用的加州工資令，將工作者歸類為雇員。藉由將負擔轉嫁給企業，加州最高法院創造一個工作者是雇員的假定。此外，工作關係的狀況將決定這個問題，企業可能無法透過雙方同意工作者為獨立承攬人的合約來迴避ABC測試。

這項法律裁決對加州企業產生直接的影響，而加州正是許多平台公司的營運據點，而且這項裁決還可能影響加州以外地區的做法。在加州最高法院作出裁決後不久，舊金山市檢察官丹尼斯·哈雷拉（Dennis Herrera）宣布，他正在對Lyft和Uber進行傳喚，以了解他們如何對司機進行歸類，並獲取有關工資和福利的數據。根據哈雷拉的說法，如果實際上應該將這些司機視為雇員，那麼這些叫車服務公司將欠司機最低工資以及病假、帶薪育嬰假和保健福利。這將讓加州的Uber和Lyft遭受龐大的財務損失。

這些問題也是美國針對零工經濟工作者在全國各地引發爭論的一部分。我們無法篤定地預測，這場爭論將如何落幕，儘管如此，我們認為至少在美國，大型平台將每個人都視為承攬人的時代可能已經結束。對於Uber這類企業來說，法律風險和聲譽風險正在急劇升高。對於執行企業核心任務的工作者，成功的大型平台將需要提供可與正式員工相比的一些福利。起初，新創公司可以避免使用大多數承攬人，因為事業規模仍然很小，而且受到監管機構和競爭對手的監視，但是隨著公司規模日益壯大，就必須在政策方面做出因應。一旦平台公司超越啟動階段，工作者、客戶和監管者對符合法規和公平性的期望就會改變。那些沒有認清本身超越啟動模式、已成為規模壯大的公司，其平台很可能會在法律方面遇到最多麻煩。

隨著平台參與者從清潔工、計程車司機，變成高薪白領承攬人，零工經濟中的工作者教育水準愈高，也具備更大的議價能力。為了成為可持續發展的企業，並被認定為對社會有益的貢獻者，平台公司必須跟營運當地的社會採用相同的價值觀。有鑑於對公平問題的敏感性日益提高，大型平台有可能聲譽受損，平台如何對待對平台成功有貢獻的人們，將跟平台建立聲譽和維護聲譽日漸攸關。而聲譽終將影響平台與其他平台較勁，以及與傳統企業之間長期競爭的能力。

自我監管：早在監管機構出手前就先與其合作

平台新創公司經常違反法規，藉由尋找新的做事方式，他們常常避開產業法規和傳統稅收。一些最有力的批評家，譬如我們的同事班・愛德曼（Ben Edelman）認為，像Uber這樣的平台故意違反法規，而這種規避法律的行為更成為其商業模式的核心。[48] Uber和Airbnb提供跟計程車業者和飯店業者同樣的服務，但他們將自己歸類為以「應用程式供應商」為主的技術公司，藉此規避有關安全、保險、衛生和其他適用於計程車業和飯店業的法規要求。

從某個層面來看，問題很簡單：Uber是一家運輸公司嗎？臉書是媒體公司嗎？Airbnb是飯店業者嗎？亞馬遜是本地零售商（要繳納營業稅），而不是線上目錄公司嗎？如果答案是肯定的，那麼這些平台事業是否應像其所屬產業的其他公司一樣受到監管？問題的核心是，我們是否可以或應該將平台事業，跟傳統經濟中與其競爭的公司歸為同一類型。這個問題的答案將對平台公司的營運成本和責任，產生重大的影響。

一些國家和國際機構〔歐盟委員會、經濟合作暨發展組織、法國國家體育委員會（Conseil National du Numérique）、德國競爭管理局（Competition Authority）、英國國會上議院等〕，針對是否應使用新制定的一套平台法規來規範平台，進行激烈辯論。儘管一些國家已經修改法律，但這些辯論可能還會持續好幾年，比方說，法國議會於2016年10月通過一項關於「平台公平性」（loyauté des plateformes）的法規。[49] 我們可以從歐盟委員會在2016年的聲明中，預測歐洲對平台監管的大致方向，這項聲明提供四個基本原則，促進「在歐盟以線上平台為主軸，建立一個值得信任、合法並由創新驅動的生態系統」：(1)讓類似的數位服務得以公平競爭的環境；(2)確保線上平台勇於負責，保護核心價值；(3)增進信任、透明度並確保公平性；(4)保持市場開放和無差別待遇，促進數據驅動的經濟。[50]

平台公司的管理者和企業家需要走在這股趨勢的前面。跟政府實施的監管相比，企業進行自我監管的成本往往更低。平台生命週期初期的競爭優勢可能來自利用監管漏洞（譬如Uber有司機或亞馬遜未繳納州稅和地方稅），但是隨著平台變得愈來愈強大，提前做好自我監管通常是更好的策略，就像亞馬遜自願決定，早在政府要求這樣做之前，就先收取州銷售稅和地方銷售稅那樣。

亞馬遜自我監管：美國的銷售稅

亞馬遜因其積極擴張策略而備受關注，該公司利用本身作為線上零售業者的強大地位（最初以銷售書籍為主），進入許多其他零售市場和相關服務，亞馬遜還在雲端運算中占據主導地位。然而，亞馬遜的大部分市場占有率遠低於造成市場壟斷的標準，舉例來說，在2018年，亞馬遜占全球線上零售的

43%，但在美國僅占總零售的4%。[51]據我們所知，並未有政府監管機構暗示亞馬遜違反**現有**的反托拉斯法，但儘管如此，有些人極力主張，我們需要**新的**反托拉斯法，來遏制亞馬遜和其他平台如何利用本身在所屬市場中的地位進入其他市場，譬如藉由使用客戶數據或平台交易資訊，取得定價優勢或競爭者無法進入的市場。這個問題特別複雜，因為至少在短期內，亞馬遜這類平台通常能為消費者帶來更低的價格，但從長遠來看，將競爭對手趕出市場終將限制消費者的選擇，結果往往導致價格上漲。至少，這種理論觀點反對亞馬遜的慣有手法：客戶綁定（例如向Amazon Prime會員行銷不同產品和服務）和垂直整合（譬如使用Amazon Marketplace交易平台，從第三方銷售中獲得的資訊，直接進入那些產品區隔）。[52]

從亞馬遜網站創立以來，便利用美國最高法院於1992年的一項裁決，也就是美國各州只能要求零售商在該州有實體存在時，才要求收取銷售稅。起初，這項法規是為了保護目錄公司（這些公司從一、兩個地點將產品運送到全國各地，如L.L.Bean）而設計的。早期，亞馬遜利用這條法規，不將倉庫設在人口稠密的州（如加州），美國智庫稅收與經濟政策研究院（Institute on Taxation and Economic Policy）研究主任卡爾．戴維斯（Carl Davis）宣稱：「毫無疑問，亞馬遜利用其不收取銷售稅的能力來獲得競爭優勢。」[53]直到2012年，亞馬遜才開始徵收銷售稅；在2009年至2014年期間，亞馬遜僅在五個州徵收銷售稅，並且在一些州還「減少與州內企業聯繫，避免徵收銷售稅」。

但是隨著公司日漸成長，並更加專注於縮短交貨時間，亞馬遜跟許多州達成協議，在其州界建立倉庫，這些協議的部分條件是，亞馬遜通常會在幾年內開始徵收銷售稅。該公司從2012年開始在加州（自建倉庫）以及德州、賓州和其他幾州，對其自有商品收取銷售稅，後續幾年，這項活動穩步成長，截至2018年年中，亞馬遜已在美國明令徵收銷售稅的四十五州都收取銷售稅。自由市場導向的稅收基金會（Tax Foundation）執行副總裁約瑟夫・畢曉普—漢奇曼（Joseph Bishop-Henchman）表示：「其他大型電子零售商，尤其是eBay，通常仍不徵收銷售稅。」但亞馬遜的做法恰好相反，亞馬遜「終於改變本身的立場」。[54]

但是亞馬遜仍然存在跟銷售稅有關的爭論，在賣家占亞馬遜網站進行的所有單位數量交易一半以上的Amazon Marketplace上，賣家在市集上列出要銷售的產品，並決定售價，同時許多賣家都利用「Fulfillment by Amazon」的物流附加方案，將商品交由亞馬遜儲存和運送。賣家付費使用這些服務，但是這家電子商務巨擘卻向賣家收取銷售稅。

我們讚賞亞馬遜對於州稅和地方稅進行自我監管的決定。

亞馬遜正成為美國電子商務重鎮。創辦人貝佐斯和其他管理者一定以沃爾瑪先前的經歷作為借鏡，強大的零售業者往往成為當地社區的攻擊目標，因為當地社區擔心會失去工作，也擔心大型零售商會跟當地供應商搶生意。藉由收取銷售稅，亞馬遜消除可能產生嚴重摩擦的來源，同時亞馬遜的競爭優勢不再依賴透過規避銷售稅來降低價格。最近的研究顯示，繳納州稅和地方稅甚至不在消費者不向亞馬遜購買商品的十大考慮因素之列。[55]

YouTube：Google如何避免監管干預

在Google領導下的YouTube推出初期，就提供平台媒體如同「西部蠻荒時期」的另一實例：從2006年開始，幾乎所有內容都不受監管。但在2017年和2018年，由於有報導稱YouTube允許暴力內容通過YouTube Kids的過濾器進行滲透，YouTube因此面臨嚴格審視，因為該過濾器應該擋掉任何不適合年輕用戶的內容。一些家長發現，YouTube Kids允許兒童觀看帶有熟悉角色在暴力或淫蕩場景中的影片，以及童謠搭配令人不安的圖像。其他報導還發現，在Youtube上，「經過驗證」的頻道卻播出剝削兒童的影片，包括孩童被嘲笑而尖叫不已，以及年輕女孩對著網路攝影機脫衣的畫面。[56]

在大規模槍擊事件和其他美國國內悲劇發生後，YouTube

上的錯誤資訊和騷擾影片一再激起大眾的憤怒。根據報導，多起槍擊事件的倖存者和家屬遭到網路霸凌和威脅，這些事件通常跟YouTube上盛行的陰謀論思想有關。於備受矚目的槍擊案中喪生的受害者的父母試圖舉報霸凌其已故子女的影片，並一再呼籲Google雇用更多審查員，好好落實本身的政策。[57]

為了因應不斷激增的負面報導和平息大眾的不滿情緒，YouTube執行長蘇珊．沃西基（Susan Wojcicki）在2017年12月宣布，Google將聘用數千名新的「審查員」，將其審查員總數擴大至一萬多人，負責審核Youtube上的影片。[58]此外，YouTube宣布將繼續開發先進的機器學習技術，自動標記有問題的內容以供刪除。該公司表示，本身採取新措施來保護兒童不會觀看到危險和虐待的內容，並封鎖網站上的仇恨言論，將以目前對抗暴力極端主義內容的方式為標準做法。機器學習技術的目標則是放在幫助審查員，找出並關閉數百個帳號和數十萬則留言。

這種技術應用似乎正在發揮作用。YouTube聲稱，機器學習協助審查員刪除的影片，比以前多出近五倍，而且因暴力極端主義而被刪除的影片中，有98%現在已被演算法標記。沃西基聲稱，技術的進步使該網站在影片上傳後的八小時內，就刪除將近70%的暴力極端主義內容。沃西基在部落格文章中寫道：「審查員對於刪除內容和培訓機器學習系統仍然至關重要，因為考量影片內容做出刪除與否的決定，人為判斷還是關鍵所在。」[59]

YouTube平台在各方面都因為有問題的內容而受到影響，一些廣告客戶之所以撤銷廣告，是因為他們的廣告被刊登在帶有仇恨言論和極端主義內容的不當影片旁邊。然後，一些知名品牌暫停在YouTube和Google刊登廣告，原因是有報導聲稱，這些品牌廣告被放到內容涉及兒童色情或剝削兒童的影片中。YouTube在2017年12月宣布，對本身廣告政策進行改革，將會採用更嚴格的標準並進行更多人工審查，同時擴大廣告審查員團隊。

YouTube在2018年1月宣布，其最受歡迎頻道的影片將經過人工審查，並先行檢查大量內容，以確保其符合「廣告友善準則」。[60]藉由這樣做，YouTube提高了那些希望在自己的影片內容上投放廣告的影片創作者的門檻，同時希望安撫對影片共享網站感到不安的廣告客戶。現在，廣告客戶可以選擇在經過「Google Preferred」（譯注：是一項YouTube的計畫，允許廣告客戶付費，將廣告投放到網站上效果良好的影片上）驗證的頻道上刊登廣告，這些頻道的影片會經過人工審查，決定哪些廣告將只在經過驗證的影片上刊登。YouTube宣布，將於2018年3月前，在美國和其他所有提供Google Preferred服務的市場，完成這類頻道和影片的人工審查。

如果臉書、Google和其他平台早些時候採取自我監管措施，就可以避免當前遇到的一些難題。儘管這些平台在美國得以避開法規處罰，但歐洲政府的行動更為激進。2017年5月，歐洲理事會（European Council）批准，要求臉書、Google（YouTube）、推特和其他平台，封鎖包含仇恨言論和煽動恐怖主義行為的影片。[61]雖然該法規仍需由歐洲議會（European Parliament）通過才能生效，不過這將是歐盟第一個要求社群媒體公司對其平台上發布的仇恨言論負責的法令。

對於Google和其他平台而言，好消息是自我監管似乎正在發揮作用，尤其是當歐盟委員會放棄提出具有約束力的歐盟立法計畫（該計畫將迫使線上平台刪除包含仇恨言論的貼文）。在2018年1月的新聞發表會上，歐盟司法專員薇拉．尤洛瓦（Věra Jourová）表示，她不打算透過仇恨言論來監管科技公司，[62]相反地，她想繼續仰仗她於2016年與推特、YouTube、臉書和微軟一起促成的非約束性協議。她表示，這項協議目前仍奏效，尤洛瓦在新聞發表會上說：「四家資訊科技公司都表現出更多的責任感，現在該平衡平台和社群媒體巨擘的權力與責任了。這正是歐洲公民所期望看到的。」對於臉書在2017年宣布將雇用三千名審查員，監視其用戶貼文中的仇恨言論，尤洛瓦表示讚賞。臉書還表示，計畫在德國增加五百名審查員，審查有關仇恨言論的投訴。根據歐盟委員會2018年1月的最新數據顯示，推特、YouTube、臉書和微軟審查仇恨言論的投訴，約有82%的比例在二十四小時內處理完畢，跟2017年5月相比，這是一個重大變化，當時兩家公司在二十四小時內完成審查的比例只有39%。到2018年1月，臉書在歐盟範圍內刪除79%包含仇恨言論的貼文，YouTube下架75%，推特則移除45.7%這類不當影片和推文。[63]

管理者和企業家該熟記的重點

在本章中，我們討論數位平台如何從令人喜愛的特立獨行者，轉變為令人恐懼的科技巨擘。我們說明**人們對平台的態度如何改變**，尤其是隨著監管審查的增加，最要小心應付的重要平台正面臨反托拉斯的抨擊，他們不惜犧牲平台參與者和社會大眾的信任，拚命追求成長和網路效應，並在可能違反勞動法和破壞勞資關係的情況下，想方設法要降低勞動力成本。如果我們認同管理平台成為「可以行善，也能作惡」的「雙刃劍」，那麼對於管理者和企業家而言，該熟記哪些重點？

本章最重要也是最優先要說明的學習課題為，管理者必須在**追求成長及不濫用本身市場力量之間取得適當的平衡**。在網路零售、社群媒體、汽車共乘、住房共享以及其他零工經濟活動的發展初期，有許多方面在法律和法規上存在模糊地帶，利用這些模糊地帶的平台，比平台競爭對手以及傳統經濟中的競爭企業更具優勢。如果法規定義清楚，那麼平台就必須注意不要跨越界限，涉及非法行為，無論是反托拉斯法、勞動法、稅收問題，還是產業法規。但是當法規包含模糊地帶時，平台可能會測試法律和社會道德規範的底限，譬如將大多數工作者歸類為承攬人而不是雇員。我們可以這麼說，如果Uber和Airbnb當初遵循法律的內容與精神，那麼這兩家公司可能無法發展成功，但是有兩點必須再次強調：(1) 人們對於平台的態度出現變化，表示人們過去可以容忍的平台行為，在未來將不再容忍；(2) 隨著平台規模和能力的成長，平台將受到更嚴格的審查，並且必須遵守一套不同的規則，或更加嚴格地遵守現有規則。

其次，新興平台應當以微軟和Google的經驗作為借鑑，減輕反托拉斯問題。對於許多平台而言，往往習慣等待監管機構採取行動，或是等待用戶和合作夥伴出現強烈反彈。企業家可能一心想著壯大事業，甚至可能在認知上受到限制，有時平台創辦人很難承認平台擁有的「力量」。我們建議：不要等待！要更加積極主動，**平台應建立內部能力**（如專業團隊），與不同國家（有時在不同州）的法規保持同步，並了解應避免哪些活動。然後，平台創辦人必須教育主管、員工、承攬人和其他業務合作夥伴不該做什麼。我們知道以下這樣的狀況是有可能的：在看到反托拉斯法於1980年代嚴重破壞AT&T的事業後，英特爾執行長葛洛夫引進嚴格的內部程序，大幅降低英特爾受到反托拉斯法審查的風險。[64]在將近二十年的時間裡，葛洛夫帶領下的英特爾儘管在微處理器市場占有主導地位，卻得以避免重大的反托拉斯問題。

再者，我們認為**平台應先行自我監管**，減少政府以不利於平台、生態系統合作夥伴或消費者的方式，進行干預和改變競爭環境的可能性。首先，平台將必須在策畫上投入更多資金，在開放性與信任之間取得適當的平衡。即使我們在人工智慧、機器學習和其他演算法的監視方面獲得進步，這些做法還是會增加成本。同樣地，平台將需要發展本身的勞動力規定與福利，並採用與當地法規一致的彈性工作規定，而這些規定必須對全職員工和獨立承攬人都適用。我們希望許多國家也將調整其勞動法規，以便照顧到數位經濟和更多以「零工」兼差的工作者。無論如何，平台公司必須像傳統經濟中的企業一樣，學會學習評估穩定和有能力的勞動力所帶來的好處，並弄清楚如何將更好的工作條件納入本身的策略和商業模式中。不管當地、當州或國家的法規為何，全職為平台工作的承攬人應被視為全職雇員，因為不遵守法規或廉價剝削工作者而獲得競爭優勢的平台公司，市場或監管機構將不會坐視不管。我們認為長遠來看，市場的強烈反彈和政府的監管相結合，將確保這些不守法的平台無法成功。

積極進取的平台企業將需要透過更大規模的自我監管和策畫，來適應當前的環境。策畫是一個棘手問題，而且可能違反直覺，因為平台事業的力量取決於透過網路效應推動成長。網路效應的邏輯是平台應該傾向於開放成員資格，而不是限制成員的行為，而且不會將成員剔除。在某些情況下，如同我們在臉書上看到的那樣，矛盾之處在於最離譜的內容往往會大肆傳播，並吸引更多用戶和更多廣告商，但是企業家、管理者和董事會需要在監管機構猛烈抨擊前，及早意識到濫用平台權力可能遭致何種後果。我們認為西方國家平台業務的西部蠻荒時代即將結束（中國在這方面是例外，中國早已對數位平台進行嚴格監管）。平台在全球範圍內的影響力已經日益顯著，因此我們希望平台刻意和策略性地管理其內容與成員資格的方式，將跟平台劃上等號。平台如何治理其生態系統，將表現出平台領導者和整個組織的價值。最後，治理政策將成為平台價值主張的一部分，並成為吸引或流失用戶和生態系統成員的關鍵因素。

至於在新技術和市場機會方面，我們對平台事業有何期許，就是本書最後一章要探討的主題。

第七章

展望

平台與未來

平台事業面面觀

平台的未來

平台新戰場

新興平台戰場與未來展望

結語

臉書共同創辦人祖克柏在2018年春天，於美國國會和歐洲立法者面前做出的戲劇性證詞，預告平台事業的新時代即將來臨。有關假新聞、侵犯隱私、不受管束的擴張，以及反托拉斯和勞工法規日益激增的匿名投訴，使得全球最有價值的公司備受關注。平台不再是交易和創新的中立媒合者或仲介者。允許平台任何一邊的任何人完全不受束縛，可能會對民主、社會福祉和全球經濟穩定構成危險。無論如何，蘋果公司、亞馬遜、微軟、Alphabet-Google、臉書、阿里巴巴、騰訊等公司，都需要接受自家平台在世界經濟和現代社會中扮演的新角色。

儘管決策者和思想領袖批評平台事業，但是我們必須知道，成功的平台有能力長久運作下去。隨著數以億計的參與者的參與和聯繫，平台往往比經營獨立產品或服務的事業更有辦法長久經營，比方說，微軟在1980年代推出DOS，然後推出Windows。自1990年代中期以來，微軟一直受到來自反托拉斯當局的抨擊，加上安全出問題，還有來自開放原始碼軟體和雲端運算的競爭日益激烈。儘管如此，微軟已經在個人電腦作業系統和關鍵應用程式中占據將近四十年的主導地位，而且依舊獲利豐厚。如同我們在本書的其他說明實例中看到的那樣，成功的平台很難被取代。

但是，沒有什麼事物能永遠存在。平台、生態系統以及驅動它們的技術，將繼續發展和變化。在過去的四十年中，運算和通訊平台一直面臨新技術的持續威脅，一些公司（從雅虎和MySpace到諾基亞和黑莓公司）都在短時間內急劇式微。從更大的格局來看，我們可以看到大型主機最後被個人電腦、網際網路、社群媒體、智慧型手機等行動設備和雲端運算取代。儘管某些平台變得比其他平台更加重要，但新舊平台共同存在。從我們今天所知道的情況來看，人工智慧、機器學習、虛擬實境和擴增實境、區塊鏈應用，乃至量子運算，都可能挑戰當前的主導平台，至少在某些領域會如此。

在本書最後一章，我們使用本書強調的原則，探索當前和未來的平台戰場。我們首先總結這本書的關鍵論點，然後我們找出平台發展的四種趨勢，這些趨勢可能會影響當今的主導平台，以及未來的平台企業家和管理者。我們還將探討如何評估新興平台，並研究以下一代技術為主的一些關鍵競爭。總結來說，我們回到「成功的大型平台必須日益提高本身自我監管和治理的參與度，才能適應迅速變遷的世界」這個論點。我們似乎可以預見，真正開放平台的終結即將到來。

平台事業面面觀

表7-1總結我們在本書探討的核心原理。了解平台事業，要從了解影響平台市場，尤其是影響數位競爭的因素開始著

表7-1：各章核心原則摘要

第二章 贏家通吃或 拿到最多好處	第三章 策略與 商業模式	第四章 常犯的錯誤	第五章 老狗學習 新把戲	第六章 雙刃劍
強大的網路效應	選擇構成平台的市場邊	平台某一邊的定價不當	加入競爭平台	別做惡霸
限制多歸屬	解決雞生蛋或蛋生雞這個問題	無法發展信任	購買平台	在信任與開放之間取得平衡
差異化和利基競爭	設計平台的商業模式	輕忽競爭情勢	自己建構平台	並非人人都該是承攬人
進入障礙	加強生態系統的規則	錯失進入市場的時機		自我監管

手：產生強大的網路效應、限制多歸屬、限制差異化和利基競爭、建立高進入障礙的潛力。我們還指出，平台思維並非新觀點，一百多年前，像電話和工商電話簿，以及鐵路、電力、廣播和電視等其他多個行業的平台事業，就大幅仰賴網路效應、低程度的多歸屬，以及生態系統參與者的互補性創新。但是今天的平台主要是數位平台，這種新平台技術與網路結合，已在全球各地實現指數型的迅速成長。數位平台還產生諸如亞馬遜、阿里巴巴和騰訊等巨型平台公司，這些公司具有包羅萬象的業務，通常透過用戶數據進行連結。在這些市場中，有些市場可以歸類為贏家通吃的市場，但大多數市場則不然。

本書的一個重要貢獻是，強調創新平台與交易平台的異同。最早期的平台大多推動**創新**，而在過去一、二十年平台的爆炸性成長，大多是由**交易**驅動。但是無論哪一種類型的平台，管理者都會面臨相同的業務挑戰：選擇平台的關鍵邊、解決雞生蛋或蛋生雞這個問題、設計一個商業模式（產生收入和利潤）、建立使用該平台的規則，以及培育和治理最重要的生態系統。如同我們在後續討論的那樣，交易平台和創新平台之間的共通性或互補性，導致愈來愈多的混合平台公司出現，這種複雜的商業模式日後似乎會更加普遍。

許多產業評論員已將平台定位為事業策略的聖杯，將其作為獲得市場主導地位和持久獲利的可靠途徑。如果平台最終成為同行中的「佼佼者」，那麼這種說法或許沒錯，但我們還發現，許多平台都以失敗告終。實際上，就像大多數新創公司以倒閉收場一樣，失敗者似乎比勝利者多得多（一些研究顯示，新創公司關門大吉者多達90%）。由於平台事業的複雜性，因此平台事業特別容易出錯，我們發現，平台最常犯的錯誤都跟以下這幾點有關：針對最重要的市場邊定價不當、未能建立信任、錯失進入市場的時機、輕忽競爭威脅。當企業沉迷於認為市場已經「永久」向他們傾斜時，這種自滿狀態將引發巨大的危機。微軟在瀏覽器方面的失敗就是領先企業高估市場力量的經典實例，而在智慧型手機上的失敗則是落後企業低估網路效應力量的經典案例。

在平台林立的世界裡，老字號企業面臨的最艱鉅挑戰則是，弄清楚如何適應平台競爭。我們認為平台對許多傳統企業構成嚴重威脅，但傳統企業還有其他選擇，老狗確實可以學習新把戲，不管這樣做有多麼困難。我們針對傳統企業提出一個簡單的架構：自行建構平台、購買現有平台，或加入現有平台。當企業規模較小且要防止市場傾斜時，成熟企業可以透過加入現有平台，利用平台的力量。當企業規模大且重視進入市場的時機，購買平台就能提供企業本身並不具備的技能和技術，並幫助傳統企業擺脫困境，進入平台事業。從頭開始建構平台，這個策略最為困難，膽小者不宜，但是如果企業能夠順利建構自家平台，就可能獲得可觀的報酬。

最後，我們討論平台如何成為雙刃劍，平台讓一些公司在經濟、社會和政治等方面獲得強大的力量，而這些力量很容易被濫用，有時是無心之失。隨著平台愈來愈受到政府和媒體的嚴格審查，管理者和企業家必須謹記「別做惡霸」。遵循平台邏輯和網路效應讓本身成為主導平台，這樣做並沒有違法或有任何道德疏失，但是一旦企業成為主導平台，就該適用不同的規則。平台公司需要預測反托拉斯干預的可能性日漸升高，此外平台已經落實共享或零工經濟，這在邏輯上是具有擴展性的：每位工作者都可以成為臨時承攬人；但是如同我們在大眾對於Uber和其他零工經濟平台的強烈反對中看到的那樣，長遠來說，這不是可行的勞動力策略。此外，詐騙、侵犯隱私、劣質商品以及對於平台的其他「投訴」，有可能破壞信任，而信任卻是平台成功的基礎，因為大多數平台都是數位仲介者或創新促成者，他們跟用戶和互補業者沒有私人關係。因此，我們認為，規模最大也最有影響力的平台將愈來愈需要在開放性與規模經濟和範疇經濟之間取得平衡，並進行自我監管或治理，以避免在可能受到懲處時，跟政策制定者的意見相左。

平台的未來

我們在本書中討論的平台都是在上個世紀或更早之前開始的。我們對平台策略和平台經營的歷史，有深入的了解。但還有一個問題需要探討，就是新興平台在未來十年及後續更長遠的發展趨勢。我們看到至少有四個主要趨勢，可能會改變我們未來對平台事業的看法。

第一個趨勢是，數位競爭將使愈來愈多平台公司轉變為混合平台公司。在以往的世界（1980年代和1990年代）裡，創新平台和交易平台是不同的業務，連結買賣雙方、廣告商和消費者或不同社群網路用戶的交易平台，跟刺激外部公司以其產品和服務形式創造互補創新，讓平台愈來愈有價值的創新平台，兩者從根本上就有所不同。但在最近十年當中，愈來愈多成功的創新平台將交易平台整合到其商業模式中，交易平台也尋求開放應用程式介面，並鼓勵第三方進行互補性創新。創新平台這樣做不是要失去對分銷的掌控，而是要管理客戶體驗（如蘋果公司的App Store），而交易平台業者則意識到，並非所有創新都可以或應該靠內部完成（臉書平台即為一例）。這方面的知名實例包括Google決定購買和推廣Android、亞馬遜決定依據Amazon Web Services和Alexa建構多個創新平台，以及Uber和Airbnb決定允許開發人員在其交易平台上建構服務。另一個實例是允許用戶發布限時訊息或照片的Snapchat，作為純交易平台，Snapchat一直難以轉虧為盈，尤其是在臉書的Instagram複製其許多最受歡迎的功能後，為了激勵更多創新和用戶活動，Snapchat在2018年6月決定開放其平台和用戶數據庫，提供應用程式開發者使用。[1]該公司之所以這樣做，完全是數位競爭使然。在傳統經濟中，企業需要昂貴的實體投資來建構商業模式；而在數位世界的不同點是，企業可以透過明智地使用數據、軟體和平台策略，獲得迅速的成長。

第二個趨勢是，我們看到下一代平台將創新推向新的高度。人工智慧、機器學習和大數據分析的進步，讓組織能以更少的投資來做更多的事情，包括建立過去幾年不可能建立的事業。儘管人工智慧仍處於起步階段，但Google、亞馬遜、蘋果公司、IBM和其他公司不再將本身的技術視為專有技術，取而代之的是，他們將人工智慧功能變成平台，讓第三方可以取用並在平台上建構應用程式。

第三個趨勢是，平台思維的邏輯是由網路效應、多邊市場、贏家通吃或拿到最多好處這種結果所驅動的，導致市場力量的成長集中在少數（但數目正在上升）的企業手中。在1960年代和1970年代，IBM代表平台力量的頂峰；在1980年代和1990年代，是英特爾和微軟獨大；在過去二十年中，我們則忙於應付蘋果、Google、亞馬遜、臉書、阿里巴巴和騰訊等公司的市場力量。

最後，我們看到幾乎所有大型平台公司都從自由市場演變為策畫事業。正如我們在第六章所討論的那樣，許多管理者、企業家和技術專家曾經相信，平台只會為這個世界帶來「美好」的事物：平台將以不斷下降的價格，連結人員、產品和服務，並且讓這個世界擺脫傳統市集或溝通方式所造成的摩擦和不完美。但是，如同我們在本書所建議的那樣，新世界和傳統世界必須共存。數位世界中的所有參與者並非個個都是良善的，黨派政治、間諜、恐怖分子、造假者、洗錢者和毒販都找到利用平台取得自身優勢的方法。由於平台公司也是追求利潤的企業，從用戶和生態系統合作夥伴的角度來看，這種動機有時可能導致平台濫用權力和技術。一旦平台的規模足以影響社會、政治和經濟制度，那麼平台就更加需要反思本身的經營宗旨，以及從原本毫無經驗演變為對平台策畫更加熟練。儘管這是陳腔濫調，但對於世界上最大的平台而言，不斷成長的力量意味著責任日益加重。

平台新戰場

考慮到上述這所有問題，我們可以檢視當前正在進行的幾個平台戰場，以幫助我們思考平台的後續發展，以及平台日後可能扮演的重要角色。一些早期平台可能會演變為專有產品和服務，而且目前的一些產品和服務或突破性技術，可能發展成新型平台。在本章後續部分，我們將討論兩個相對較新的平台戰場及其可能的發展。如果人工智慧以我們預測的方式發揮影響力，那麼這兩個平台新戰場就是語音大戰和自動駕駛車共乘。然後，我們將研究兩個新興和未來的戰場：量子運算和基因編輯。

目前正在進行的平台爭霸戰

在未來十年的平台爭霸戰中，最重要的新技術也許是人工智慧和機器學習。對於許多產業來說，人工智慧具有破壞潛力。人工智慧的兩個最明顯也最強大的應用是語音辨識和自動駕駛汽車，兩者都涉及平台生態系統的巨大變化。

語音大戰：迅速成長卻造成混亂的平台競爭

儘管人工智慧已經存在數十年，但其中一個分支發展得特別驚人：**機器學習**（使用特殊軟體演算法分析數據並從中學習）及其子領域**深度學習**（使用硬體和軟體來建構大規模並行處理器，稱為神經網路，用來模擬大腦運作）。這些技術的應用已讓某些形式的圖形辨識（pattern recognition，尤其是圖像辨識和語音辨識）出現顯著的進展。蘋果公司在2011年推出Siri時，就對語音介面感到非常興奮，消費者首度（至少在某些時間）可以使用一種自然有效的自然對話技術。儘管具有先發優勢，但蘋果公司對Siri的策略還是採取慣有的做法：該公司將Siri設計為iPhone的互補**產品**，而不是可產生強大網路效應的創新或交易**平台**。

亞馬遜在2014年年底推出安裝Alexa軟體的Echo喇叭時，就在Google、蘋果公司、微軟、阿里巴巴、騰訊和眾多新創企業之間，引發一場爭奪平台主導權之戰。亞馬遜的策略是建構一個由Amazon Web Services、語音辨識和高品質語音合成所結合的新平台，執行長貝佐斯試圖將這項技術與價格合理的專用硬體搭售。亞馬遜立即發現潛在的跨邊網路效應，而推出Alexa技能套件Alexa Skill Kit（ASK），這是一套自助應用程式介面與工具，可讓第三方開發商輕鬆建構新的Alexa應用程式。這項開放平台策略讓Alexa技能的數量激增，從2016年的五千種，到2018年成長為五萬種以上。[2]亞馬遜提供各式各樣的技能，譬如玩Jeopardy！這類益智問答遊戲、用Uber叫車、詢問天氣和新聞。我們最喜歡的應用程式是，可以要求Alexa從遠端發動汽車，這樣車內就能保持冬暖夏涼的舒適溫度。如果你在十分鐘內沒有坐進車裡，車子就會自動熄火。

以極低的價格（極有可能低於亞馬遜和Google的成本）結合出色的易用性，讓這些智慧助理設備的銷售量激增。身為市場先行者，亞馬遜迅速拿下最多市場占有率，但是亞馬遜的成功促使Google、蘋果公司、三星和許多中國公司開始採取行動。到2017年年底，語音正在演變成一場經典的平台之戰，亞馬遜和Google將產品大幅降價，以建立本身的安裝基礎，雙方競相增加應用程式和功能，目標是推動網路效應。比方說，亞馬遜發表Echo Show，這是一款具有視覺顯示功能的Alexa喇叭。亞馬遜希望這款喇叭藉由家庭成員，口耳相傳到其他家庭成員和朋友，然後任何擁有Echo Show的人都可以像蘋果公司的FaceTime一樣，彼此進行視訊通話。這場平台戰爭的所有主要參與者也將其技術授權給家用電子產品公司、汽車公司和企業軟體公司，希望這些第三方業者能將他們的語音解決方案安裝到自家產品中，而且往往是免費安裝。

平台面臨的挑戰是多歸屬太輕而易舉，任何客戶都可以擁有或使用Google、亞馬遜、微軟和蘋果公司的語音介面，對消費者來說，轉換成本還沒有很大。差異化和利基競爭也有很多機會：蘋果公司專注於音樂的品質；亞馬遜專注於媒體和電子商務方面；Google專注於搜尋相關的查詢；微軟則專注於企業需求。

每個參與者也有不同的商業模式。亞馬遜正在建構一個混合平台，第三方業者設計應用程式，而客戶使用其Echo設備進行交易。事實上，亞馬遜會員家庭平均每年在該網站上消費1,000美元；Prime會員則平均消費1,300美元；擁有Echo喇叭的家庭則平均消費1,700美元。[3]而蘋果公司最初嘗試利用本身硬體賺錢（這說明了蘋果公司產品價格高昂，初始市場滲透率低）。在2018年，似乎還沒有任何一家公司找到一條明確途徑，直接從語音辨識這項技術中獲利。

當我們完成這本書時，為語音大戰將如何發展下定論還言之過早，市場仍然像西部蠻荒時期，混亂又沒有秩序。在2017年至2018年期間，漢語學習和深度學習正在為所有競爭對手創造更好的語音體驗。Google似乎是人工智慧的技術領導者，在搜尋、廣告和機器翻譯等領域擁有許多應用程式。而以早期基準來說，落後的蘋果公司正在迅速改進，微軟的Cortana和亞馬遜的Alexa也正努力跟上。[4]

在2018年時，Google擁有嵌入Google語音功能的億萬台設備（Android智慧型手機）的優勢；亞馬遜則擁有最大的智慧型喇叭安裝基礎，尤其是在美國有成千上萬的設備放置在用戶家中。最終，我們希望語音將是一場經典的平台之戰，誰能建立最大的用戶基礎，誰能建構生產創新應用程式的最佳生態系統，以及誰（如果有的話）能鎖定本身的客戶群，限制日後可能發生的多歸屬，並建構一種夠引人注目的解決方案，降低來自利基市場競爭者和市場差異化的競爭，誰就能成為贏家。

共乘和自動駕駛汽車：從平台到服務

雖然人工智慧將催生一系列新平台，卻也會產生可能破壞現有平台的新功能。自動駕駛汽車的出現，堪稱是最令人興奮的人工智慧應用程式之一，但諷刺的是，這項新技術可能取代世界上使用最廣泛的一些平台：Uber、Lyft、滴滴出行和其他共乘事業。儘管有強大的跨邊網路效應，但共乘平台革命其實有可能消失。

共乘平台的營運挑戰很簡單：這類平台往往虧本，而且虧很大。吸引和支付司機的成本，加上維持較低的車資，已經壓縮平台公司的利潤率。此外，許多司機還有多歸屬的情況（同時加入Uber和Lyft，或傳統計程車公司）。因此，Uber、Lyft、滴滴出行和其他共乘公司宣布，公司的長期策略是從為乘客和司機媒合的純平台，轉變為「運輸即服務」這種模式。這些共乘平台公司將擁有或租賃自家車輛，包括汽車、自行車或滑板車。像Google這樣的科技公司以及通用汽車和豐田汽車（Toyota）等大多數主要汽車製造商，也都朝著同一方向積極投資。儘管銷售產品已有悠久的歷史，但即使是最保守的汽車公司也將人工智慧視為通向轉型為服務公司的途徑。如同Lyft執行長洛根．葛林（Logan Green）在2018年說的那樣，「我們將把整個〔汽車〕產業從以所有權為主，轉移到以預訂為主」。[5]

自動駕駛技術的出現有希望去除業者支付司機的成本，這可能會大大降低運輸服務的邊際成本。自動駕駛汽車的研發和車隊成本的攤銷可能非常高，但由於無須支付駕駛費用，汽車的使用效率將得以提高，因此大幅降低每英哩的成本。[6]通用汽車公司估計，在2019年推出服務時，起初每英哩車資為1.50美元，比目前叫車服務車資便宜40%（譯注：通用汽車公司於2019年7月宣布這項服務將延後推出）。[7]根據一些估計顯示，自動駕駛汽車的每英哩成本可能降至0.35美元，低於2018年的平均每英哩2.86美元。[8]

觀察家發現，新技術和更好的經濟效益相結合，迫使Uber（和其他共乘平台）「思考是要購買或至少管理龐大車隊（可能是透過公開買單），否則只好坐以待斃」。[9]面對這個威脅，

Uber於2014年開始對自動駕駛汽車技術進行投資。Uber共同創辦人暨時任執行長的卡蘭尼克強調，在這場平台大戰中勝出的重要性：「此刻，我們很清楚山景城的朋友（即Google）將會進入叫車服務領域，我們需要確保有替代方案〔自動駕駛汽車〕，因為如果我們不這樣做，我們就沒有生意可做。」卡蘭尼克補充說，開發自動駕駛汽車「對我們來說是攸關存亡之計」。[10] Uber於2017年11月宣布，將向富豪汽車公司（Volvo）購買二萬四千輛自動駕駛汽車，這樣Uber就擁有一支車隊進行測試，然後可以針對自動駕駛共乘服務進行部署。

Lyft採用不同做法，沒有開發自己的自動駕駛技術，而是設法透過其「開放平台計畫」建立合作夥伴關係，這項計畫類似Google針對Android智慧型手機的開放手機聯盟。Lyft的平台計畫將包括通用汽車公司、荒原路華（Land Rover）和福特汽車公司（Ford）在內的多家汽車製造商，以將其自動駕駛汽車計畫整合到一個叫車服務網路中。[11]起初，這項開放平台計畫為合作夥伴提供用於測試的乘車數據取用權，但最終計畫在這個叫車平台上，提供自家擁有的自動駕駛汽車。Lyft的策略長在2017年年底指出：「坦白說，我們專注於與汽車業合作，因為我們認為光靠我們自己無法做到這一點，而且雙方都需要成功。」[12] Lyft的共同創辦人約翰・季默（John Zimmer）甚至預測說：「自動駕駛汽車將迅速普及，並在五年內占Lyft叫車服務的大宗。」[13]

Lyft的策略可能預示著另一種交易平台的出現，Lyft在此平台上將乘客與來自各種製造商的自動駕駛汽車聯繫起來。但是，Lyft的許多合作夥伴也已經投資叫車服務技術，而且可以推出自己的自動駕駛出租車服務。為了因應這種局面，Lyft甚至投資一個自動駕駛研究中心，開發自己的自動駕駛汽車技術，這表示Lyft也可能會偏離開放平台模式。[14]

最後誰會贏，誰會輸，目前仍無法確定。此外，自動駕駛汽車服務可能不會像eBay、Priceline和Expedia，甚至是Airbnb這類為買賣雙方或者用戶和供應商雙方做媒合的輕資產交易平台那樣迅速發展，而且永遠無法像這類平台那樣因高交易量而利潤豐厚。但是只要這些企業有足夠的資本支撐到讓營運轉虧為盈，日後消費者很可能得以從更多更便宜的共乘服務中受惠。

新興平台戰場與未來展望

現在，讓我們看看另外兩個新興的平台戰場：量子運算和基因編輯技術。這方面的新興企業和生態系統更加仰賴科學和技術的進步，但是這些平台在未來應該會變得更加重要，而且在未來數十年內都將如此。

量子電腦：下一代運算的創新平台

1981年，諾貝爾獎得主理查德・費曼（Richard Feynman）挑戰物理界和運算界，製造一種模擬自然界的電腦，意即量子電腦。於是學界，接著是企業界開始研究量子電腦。[15]到2015年，麥肯錫諮詢公司（McKinsey & Company）估計有七千名研究人員從事量子運算，總預算為15億美元。[16]到2018年，已有幾十所大學，外加大約三十家知名企業，以及十幾家新創公司在量子電腦的研發方面做出顯著的貢獻。[17]

目前量子電腦的技術狀態類似1940年代末期和1950年代初期的一般運算。我們擁有實驗室設備以及一些商業產品和服務，但大多數來自同一家公司。我們擁有不相容的電腦技術，這些技術各有優缺點，也大多處於研究階段。要在這些電腦上建構程式，都需要專門技能，在這個階段，企業界仍與大學和國家實驗室緊密合作，至於哪種技術或設計最優異，目前尚無共識。儘管如此，我們認為量子電腦代表一種讓特殊應用得以實現並具有革命性的創新平台，日後有可能產生「量子電腦即服務」這種新型態的交易平台，落實最安全可靠的量子通訊。

量子電腦是以名為「量子位元」（quantum bit或稱qubit）的電路建構而成，一個量子位元不僅可以代表傳統數位電腦中的0或1，也可以同時表示0和1。量子位元讓量子電腦有可能執行驚人的運算，遠超過一般數位電腦所及的範圍，只要三百個量子位元就可以表示宇宙中所有已知粒子估計數量的相關資訊。[18]然而要進行運算，量子位元需要利用量子力學描述的一些獨特性質，這使得建構和使用大型量子電腦變成一大難題。

目前有幾種競爭技術，這些技術都有可能讓量子電腦比現有設備更加穩定、更具擴展性和靈活度，其中大多數設備都還處於研究實驗室裡的實驗階段。2018年時，量子電腦領域在業務和專利方面的領導者是D-Wave這家私人公司，該公司於1999脫離英屬哥倫比亞大學（University of British Columbia），自行成立衍生公司，累積專利權以換取研究補助金。[19]該公司主要由高盛（Goldman Sachs）等創投業者和企業投資人資助，最近連亞馬遜創辦人貝佐斯和美國中央情報局（Central Intelligence Agency）都加入資助行列。[20] Google和IBM以及諸如Quantum Circuits之類的新創公司，目前正採用電子或核子，以另一種布局方法發展量子電腦。[21]多倫多新創公司Xanadu使用光子建構本身的量子電路。[22]微軟還有另一種設計，計畫在五年內建構完成，並透過雲端實現商業化。[23]

這些互相競爭的量子電腦程式開發工具和應用程式的數量和品質，可能產生強大的網路效應，但目前這個生態系統仍處於初期階段。最重要的應用程式可能是解決組合最佳化（combinatorial optimization）這類數學問題，因為解決這類問題需要大量並行運算，比方說，在2012年，哈佛大學研究人員使用D-Wave電腦模擬蛋白質分子的折疊（這對藥物開發很有用）。[24]最近，諾斯羅普·格魯曼公司（Northrop Grumman）一直使用D-Wave的量子電腦，對軟體系統進行建模以檢測錯誤。[25]福斯汽車公司（Volkswagen）一直使用D-Wave的量子電腦，來同時優化數千輛汽車的行車路線，這將對自動駕駛汽車相當有用。[26]

未來「殺手級應用程式」可能是量子加密和安全通訊，這些應用程式使用的演算法是1994年由當時在貝爾實驗室（Bell Labs）工作的彼得·肖爾（Peter Shor）所發現的，目前肖爾任職麻省理工學院。肖爾說明如何使用量子電腦分解非常大的數字，這種演算法讓設計牢不可破的加密金鑰成為可能。政府（尤其是美國和中國）以及企業〔AT&T、雷神公司、阿里巴巴、華為、恩益禧（NEC，又譯為日本電氣）和東芝（Toshiba）等〕都加入研發這些應用的行列。[27]中國在這方面的進展，表現得特別出色。[28]

量子運算會成為成功的新平台事業嗎？到目前為止，網路效應仍舊薄弱，因為應用程式生態系統仍處於萌芽階段，而且被多個平台競爭者瓜分。在撰寫本文時，D-Wave在應用程式方面處於領先地位，擁有最大的專利組合，其次是IBM和微軟，IBM在最近的年度專利申請中處於領先地位。在大學中，專利申請的翹楚是麻省理工學院、哈佛大學、浙江大學（中國）、耶魯大學和清華大學（中國）。以國家來說，美國以約八百項專利為首，專利數量是日本和中國的三到四倍。[29]然而，為了讓這個領域更迅速發展，量子電腦需要更多能夠應用這些專利的研究人員，如此一來，研究人員就會需要使用更大型的量子電腦，好讓他們可以建構更好的程式開發工具並測試實際應用。IBM、D-Wave、Google和微軟正在朝這個方向積極邁進，並將本身的量子電腦作為雲端服務。

量子電腦可能永遠無法替代傳統電腦，而且我們也不認為這是一個「贏家通吃或贏家拿到最多好處」的市場。量子電腦可能仍然是利用量子現象，處理某些類型的大規模並行運算的專用設備。量子電腦不太適合需要速度、精準度、低成本和易用性的日常運算工作。不同類型量子電腦上的多歸屬也可能持續存在，讓潛在應用程式生態系統各自為政，並削弱網路效應，尤其是D-Wave電腦無法執行肖爾演算法，因此無法在密碼術或量子通訊派上用場。IBM、Google、微軟以及多家新創公司正在設計更多通用設備，只是目前這些設備仍處於試驗階段或小規模生產。

由於密碼術的應用，作為平台的量子運算也可能在監管方面面臨嚴峻的挑戰。一方面，量子電腦可能破解由功能最強大的傳統電腦產生的安全金鑰，這些金鑰現在可以保護世界上許多資訊和金融資產；另一方面，量子電腦本身可以潛在生成牢不可破的量子金鑰，並促進安全的量子通訊。若將用於侵入電腦系統和取用加密貨幣的駭客工具做結合，量子電腦顯然在行善之外還擁有作惡的本領。量子電腦可以幫忙解決當前無法解決的運算問題，但也可以促成牢不可破的數據孤島，隱藏非法或不道德的活動。領先企業將不得不制定政策來規範自己並與政府合作，至少這樣做可能在監督一些量子電腦應用與服務中發揮作用。

CRISPR：基因編輯的創新平台

基因編輯就是改變DNA，以修改植物、動物，甚至人類的特徵。在2017年，基因編輯已經成為價值超過30億美元的全球市場，並有望在未來五年內成長一倍。在2018年，還有二千七百項針對人類基因療法的臨床試驗正在進行。[30]儘管許多技術催生創新平台和生態系統的出現，但許多專有技術仍處於研究或商業化前的階段，跟我們在量子電腦和其他產業中見到的情況類似。[31]

CRISPR為「簇狀規則間隔的短回文重複序列」(clustered regularly interspaced short palindromic repeats）之簡稱，是極有發展潛力的技術之一。[32]CRISPR是指細菌用於辨識病毒的DNA片段，科學家們在幾年前觀察到，一種生物中核糖核酸（RNA）和相關酶的特殊片段，可以修改其他生物中的基因（DNA序列），比方說，當細菌的免疫系統抵抗入侵的病毒時，這種情況就會自然發生。2012年，幾位科學家發現他們可以使用CRISPR的DNA序列以及「引導RNA」，來定位目標DNA，然後將CRISPR相關的酶作為「分子剪刀」，切割、修改或替換遺傳物質。潛在的應用包括遺傳病的診斷工具和治療，以及更廣泛的基因改造。[33]《國家地理》（*National Geographic*）雜誌2016年8月號的一篇報導，描述CRISPR的潛力：

> CRISPR將一種全新的力量交到人類手中。科學家們首度可以迅速準確地改變、刪除和重新排列包括我們在內的幾乎任何生物的DNA。在過去三年中，這項技術已經改變生物學……過去一個世紀的科學發現都沒有CRISPR這麼有發展潛力，也沒有像CRISPR這樣引發更多令人困擾的道德問題。最具爭議的是，如果使用CRISPR編輯人類胚胎的生殖細胞（包含可遺傳給下一代的遺傳物質細胞），修正遺傳缺陷或增強所需的特徵，那麼這項變化將傳遞給其子女及其後代。這種變化可能產生深遠的影響，而且影響層面也難以預見。[34]

編輯人類胚胎的生殖細胞不只是一種假設的可能性。2018年12月，這方面的報導浮出檯面，中國一名無賴科學家就使用CRISPR編輯未出生雙胞胎的基因，該基因將使這對雙胞胎對愛滋病（HIV）產生抵抗力。根據報導，科學家無法使一個胚胎中的兩個與引發HIV相關的基因都失效，但他還是將這個胚胎植入母體。嬰兒正常出生，但是殘疾基因可能讓嬰兒及其後代容易罹患其他疾病。這項實驗顯然是祕密進行（科學家尚未發布數據來確認他的所作所為），而且在美國和一些國家是非法的。由於目前全球對這項強大技術的使用缺乏控制，讓科學界為此憂心忡忡。[35]

儘管如此，基因編輯將繼續發展。這項技術將為企業提供尋求產品解決方案的機會，譬如針對棘手疾病和狀況建構獨立的診斷工具或基因療法。這樣做是可能的，因為DNA如同可適應不同環境的程式語言和數據儲存技術。一些機構和公司已經設計出其他公司可以作為基礎的產品、工具和組件。不過，跟現今的量子電腦一樣，基因編輯也有其侷限。CRISPR的每次使用都需要專門領域的知識，如特定生物和疾病的基因組，然後針對應用進行訂製，譬如針對特定疾病設計診斷測試或治療產品，或重新設計植物以抵抗昆蟲。但是隨著CRISPR研究人員數量的增加，類似平台的網路效應和多邊市場動態也正在出現，而且這種情況有助於生態系統的發展，尤其是更多研究發表促進工具和可重複使用組件庫的改進，這些都會吸引更多研究人員和應用程式，結果就激勵更多的研究、工具開發、應用程式、創投資金等。

在剛開始發展的CRISPR生態系統中，名為阿德基因（Addgene）這個非營利基金會是其中的重要參與者。該基金會由麻省理工學院的學生於2004年成立，透過販售質體（plasmid），意即實驗室中用於操縱基因的DNA鏈來籌募資金。自2013年以來，阿德基因一直在蒐集和傳播CRISPR技術，協助研究人員開始進行實驗。[36]阿德基因工具庫由不同的酶和DNA或RNA序列組成，可用於辨識、切割、編輯、標記和可視化特定基因。[37]這個領域還有許多新創公司，其中一些已經公開發行股票。CRISPR治療公司（CRISPR Therapeutics，成立於2013年）正試圖開發基因型藥物，治療癌症和血液相關疾病，並與福泰製藥公司（Vertex）和拜耳藥廠（Bayer）密切合作。愛迪塔斯醫藥公司（Editas Medicine，2013成立）和Exonics Therapeutics（2017成立）正在解決癌症、鐮狀細胞性貧血、肌肉營養不良和囊性纖維化等疾病。[38] Beam Therapeutics（2018成立）計畫使用CRISPR編輯基因並糾正突變。[39] Mammoth Biosciences（2018成立）的做法比較類似平台策略，並開發可能成為新療法基礎的診斷測試，該公司正將本身專利廣泛授權，並鼓勵其他公司利用其測試技術探索各種新療法。[40]實際上，Mammoth Biosciences的目標是，建構「一個支持CRISPR的平台，能夠檢測任何包含DNA或RNA的生物標記或疾病」。在最近的公開聲明中，該公司總結本身培育應用生態系統的策略：

> 想像在這種世界裡，你可以在客廳直接檢測流感，確定感染的確切菌株，或是快速篩查癌症的早期預警信號。這就是我們在Mammoth要達成的目標，我們要為所有人帶來負擔得起的檢驗。但是我們的目標超越醫療保健的範疇，我們打算為CRISPR應用程式建構平台，並為眾多產業提供CRISPR技術。[41]

目前距離CRISPR廣泛商業化的階段，還有很長一段路要走。CRISPR技術在篩選、切割和改寫方面，也比插入DNA更好。[42]直到最近，醫療中心和企業才申請啟動CRISPR相關的臨床試驗。目前也有其他替代技術，只是各有優缺點。其中值得注意的是，另一種基因切割酶工具「轉錄激活因子蛋白核酸」（transcription activator-like effector nuclease，簡稱TALEN）似乎比CRISPR更精確，並且在某些非實驗室應用中更具擴展性，只是使用難度更高。[43]總體而言，CRISPR作為潛在的基因編輯技術平台處於領先地位，已有多所大學、研究中心、新創公司和成熟企業積極發表論文、授權和申請專利，並共享其基因構成庫的工具與技術。大多數研究人員還將重點放在「常間回文重複序列叢集關聯蛋白」（CRISPR-Cas9）上，這是一種利用RNA編輯DNA序列的特殊蛋白質。

我們關心的一個問題是，生物技術新創公司和製藥公司的商業模式仰賴專利獨占，使得該產業具有超強的競爭能力，並將應用研究鎖定在受保護的自家內部，結果可能導致「零和競爭」的心態。這跟我們在基礎科學領域、個人電腦、網路應用程式，甚至像Google Android智慧型手機平台等初期階段裡，所看到更具協作性（但仍具有高度競爭性）、一起「把餅做大」的精神，形成強烈對比。當然，大多數CRISPR科學家都公開分享並發表他們的基礎研究。[44]儘管美國專利商標局（U.S. Patent and Trademark Office）已經授予數百項與CRISPR相關的專利，但專利持有者通常授權學術研究人員免費使用其專利，甚至那些仍在訴訟中的專利也不例外。

道德和社會問題也可能阻礙基因編輯的廣泛使用，尤其是在發生更多「無賴」事件和潛在的CRISPR濫用危險時。這方面的辯論顯然比我們在第六章討論，跟濫用社群媒體平台有關的辯論還來得嚴重。關於CRISPR的主要爭議在於，社會應允許多少基因工程，專家們已經對有助於人類食物供應的基因轉殖動植物的安全性，抱持不同的意見。[45]科學工作者可以運用類似的技術來改變人類的胚胎和細胞，有朝一日我們可能可以控制如何處理遺傳疾病或潛在的殘疾，但是我們是否應該允許父母編輯子女的基因，譬如預防可能會或可能不會感染的愛滋病等疾病，或者選擇眼珠顏色是藍色或棕色，或是選擇較高的智商？[46]

總之，平台動態已經影響個人電腦、網路應用程式和智慧型手機以外的行業和技術，但是如何明智且安全地使用平台的功能，以及哪種類型的政府監管和自我監管最為合適，目前一切尚未明朗。隨著CRISPR和其他基因編輯技術發展成為用於醫療食品和其他應用的更廣泛使用平台，這些問題似乎可能成為引發更激烈辯論的話題。

結語

以創新和交易為目的的產業平台和全球生態系統，已經改變我們個人生活和工作生活的許多方面，日後將會出現更多的變化，新技術也會層出不窮。我們所指的不僅僅包括語音驅動的人工智慧助理和自動駕駛汽車，或是量子運算和基因編輯等技術，更全面來說，交易平台的爆炸式成長幾乎讓當今世界想像得到的各種交易，全都得以成真。平台企業家已經使「一切皆服務」（anything as a service，簡稱AaaS）成為可能，我們正在走向未來，我們將購買並擁有更少的產品（汽車、自行車、度假屋、家用工具、消費性電子產品等），我們將直接委由彼此提供服務。我們可能會透過點對點交易平台和技術（如區塊鏈）來管理這種共享，以確保交易的安全透明。在很大程度上，交易平台起源於古老市集，以及十九世紀工商電話簿和購物目錄等廣告業務，但是沒有人預測到現代交易平台會如此普及、如此多樣化並遍及全球各地，因為最初現代交易平台只是讓個人電腦和智慧型手機這類創新平台更具價值的應用程式。

所有平台公司都面臨的一項持續挑戰是：權力集中。是的，網路曾經承諾提供一個「扁平的世界」，其中分散式運算和通訊網路可以提供公平取用數位資訊的管道和獲利商機。儘管這種說法部分屬實，但相反的趨勢也悄然出現，平台動態已導致經濟活動和社會活動集中在少數公司手中，而且這些公司似乎日漸龐大和強大。為回應這種權力集中化的趨勢，我們看到用戶和政府對監管或分拆某些最大平台的需求都陸續激增。這項運動讓我們想起二十世紀初期，揭弊者如何要求拆解標準石油公司（Standard Oil）和其他壟斷企業。

如今，要求政府限制平台事業的呼聲日益高漲，這股聲浪也要求領先平台公司的企業家、管理者和董事會，對於本身擁有的社會力量、政治力量和經濟力量，承擔起更多責任。純粹的「開放」平台，沒有任何規則來監督取用、行為或內容，會讓某些平台看起來像是無法無天的美國西部蠻荒時代，導致「誰掌握力量」，誰就是「對的」。因此，我們認為平台公司需要採取行動，透過自我監管和策畫，回應這股聲浪。平台公司需要限制誰可以在平台上做些什麼。自我監管和治理都是良好治理的核心，即使將來可能削弱某些平台事業的網路效應、財務收益和成長機會，但自我監管和治理也將變得日益重要。

我們鼓勵平台管理者和企業家有雄心壯志，希望這本書可以對他們有幫助。但是，一旦平台事業獲得一定規模和影響力，或是以前所未有的方式（譬如透過數據驅動的新型態規模經濟和範疇經濟）實現連接市場的能力，那麼平台事業就應該適用不同的規則。找出新規則，確保在可能的範圍內維持競爭的透明與公平，這是政府、社會和企業領導人的共同責任。如果不這樣做，公開濫用本身權力的平台企業，長久下來很可能會以失敗收場，或者至少無法發揮本身創造更美好世界的潛力。個人不斷濫用本身對這些全球平台的取用權，同樣存在持續的危險。政府、大學和公司都必須齊心協力，更加努力找出如何遏止平台濫用行為的方式。

我們對自我監管和治理的呼籲，也影響到平台公司將來需要的領導者和管理者類型，領導者和管理者必須有勇氣，才能做出會增加成本、減少廣告收入或對網路效應和成長潛力不利的決定。但是，目前現實面卻要求平台公司，擴大本身對於策略願景和成功的定義。濫用平台功能和技術並非建立持久生態系統或為穩定社會做出貢獻的明智之舉，而這兩者卻是對平台事業有利的必要因素。我們必須以超越銷售、利潤和市場價值的方式來衡量成功，儘管這些指標對於可持續的商業模式仍然至關重要。我們希望頂尖平台公司的管理高層和董事會，以及政府和學術界的領導人，能夠認清時代已經改變，我們需要選擇對於平台和數位技術如何影響社會和全球經濟，有更深入了解的新一代領導者。

在本書中，我們試圖不誇大平台事業在目前階段和將來的重要性，我們也沒有過分簡化平台公司為了生存和發展必須要做的事情，相反地，我們應用一些邏輯和實際數據，以及數十年的經驗。我們的目標一直是幫助管理者和企業家，建構經得起時間考驗的平台事業，並在與數位競爭對手和傳統競爭對手的市場占有率大戰中勝出。

最重要的是，平台具有既能行善也能作惡的潛力，這就是為什麼我們說平台是**雙刃劍**。我們在本書中引用的每家主要平台公司都受到政府調查、當地監管機構的監督和媒體審查的關注，而且無一倖免。微軟、Alphabet-Google、蘋果公司、英特爾、臉書、思科、高通、Uber、Airbnb、阿里巴巴、騰訊，以及許多大大小小的公司，都面臨著法律、稅收或監管方面的挑戰。

同時數據也顯示，產業平台為組織創新流程和許多其他類型的經濟活動，提供更有效的方式。平台已經帶來革命性的變化，但是不管怎樣，我們現在生活在「平台事業」已經與數位競爭、創新和力量緊密結合的世界裡。未來的平台是改善世界，還是破壞世界，就取決於我們怎麼做。我們樂觀看待，但審慎以對。

數據附錄

附錄表1-1：1995到2015年進行數據分析的平台公司

18個創新平台	國家	產業
奇虎360	中國	網路軟體與服務
思愛普	美國	應用軟體
任天堂	日本	家庭娛樂軟體
索尼	日本	消費性電子產品
ARM	英國	半導體
Kakao	南韓	網路軟體與服務
蘋果公司（**混合平台**）	美國	硬體、儲存、周邊設備
思科	美國	通訊設備
IBM	美國	資訊技術諮詢與其他服務
英特爾	美國	半導體
微軟（**混合平台**）	美國	系統軟體
輝達（Nvidia）	美國	半導體
甲骨文	美國	系統軟體
高通	美國	半導體
紅帽（Red Hat）	美國	系統軟體
Salesforce（**混合平台**）	美國	應用軟體
VMware	美國	系統軟體
Workday	美國	應用軟體

25個交易平台	國家	行業
阿里巴巴（**混合平台**）	中國	網路軟體與服務
百度	中國	網路軟體與服務
京東商城	中國	網路零售
騰訊（**混合平台**）	中國	網路軟體與服務
網易	中國	網路軟體與服務
樂天	日本	網路零售
雅虎日本	日本	網路軟體與服務
Naver	南韓	網路軟體與服務
Mail.ru集團（Mail.ru Group）	俄羅斯	網路軟體與服務
Yandex N.V.	俄羅斯	網路軟體與服務
亞馬遜（**混合平台**）	美國	網路零售
Expedia	美國	網路零售
臉書（**混合平台**）	美國	網路軟體與服務
Google（**混合平台**）	美國	網路軟體與服務
酷朋（Groupon）	美國	網路零售
LendingTree	美國	儲蓄銀行與抵押信貸
LinkedIn（**混合平台**）	美國	網路軟體與服務
Paypal	美國	數據處理與委外服務
Priceline	美國	網路零售
TripAdvisor	美國	網路零售
推特（**混合平台**）	美國	網路軟體與服務
雅虎	美國	網路軟體與服務
Yelp	美國	網路軟體與服務
Zillow	美國	網路軟體與服務
eBay	美國	網路軟體與服務

附錄表4-1：失敗平台的平均壽命

平均數：4.9年；中位數：3年；公司總數：209家
持續時間（按類別）

類別	平均數（年）	中位數（年）	企業家數	類別
社群媒體／網路／線上社群	6.4	5	26	交易平台與混合平台
行動通訊作業系統	10.2	10	5	創新平台
網路連線服務／入口網站／搜尋引擎	9.5	9	21	交易平台與混合平台
資訊／內容網站／新聞聚合業者	5.6	4	7	交易平台
媒體串流／線上廣播	6	6	4	交易平台與混合平台
共乘（飛機與汽車）	3.7	2	12	交易平台
共乘（飛機除外）	4.2	2	9	交易平台
共乘（汽車）	3.1	3	7	交易平台
隨選經濟（運送、服務等）	2.9	2	29	交易平台
線上市集	3.8	3	16	交易平台
企業對企業產業市集	2.2	2	41	交易平台
線上行銷／廣告平台	6.1	5	9	交易平台
職涯網站	6	4.5	4	交易平台
網路瀏覽器	2.9	3	14	創新平台
其他	6.5	4	14	交易平台、混合平台、創新平台

附錄表4-2：失敗平台的平均壽命（依類型區分）

類型	平均數	中位數	企業家數
交易平台	4.5	3	174
混合平台	7.4	6	14
創新平台	5.0	4	21
獨立平台	3.7	2	116
收購現有平台	7.4	6	49
加入較大企業或集團的平台	4.6	2	44

注釋

前言與謝詞

1. Annabelle Gawer and Michael A. Cusumano, *Platform Leadership: How Intel, Microsoft, and Cisco Drive Industry Innovation* (Boston: Harvard Business School Press, 2002).
2. Annabelle Gawer and Michael A. Cusumano, "How Companies Become Platform Leaders," *MIT Sloan Management Review* 49, no. 2 (Winter 2008): 28–35.
3. 有關平台延伸覆蓋的討論詳見Thomas Eisenmann, Geoffrey Parker, and Marshall Van Alstyne, "Strategies for Two-Sided Markets," *Harvard Business Review*, October 2006, 92–101。
4. David B. Yoffie and Michael A. Cusumano, *Strategy Rules: Five Timeless Lessons from Bill Gates, Andy Grove, and Steve Jobs* (New York: HarperBusiness, 2015).（中譯本《我們這樣改變世界》由商周出版社於2015年出版）

第一章　平台思維：介紹

1. Michael W. Miller, "High-Tech Saga: How Two Computer Nuts Transformed Industry Before Messy Breakup," *Wall Street Journal*, August 27, 1986.
2. 關於這個故事詳見Stephen Manes and Paul Andrews, *Gates: How Microsoft's Mogul Reinvented an Industry—and Made Himself the Richest Man in America* (New York: Doubleday, 1993), 150–63；以及Michael A. Cusumano and

Richard W. Selby, *Microsoft Secrets* (New York: Free Press/Simon & Schuster, 1995), 137, 158–59（中譯本《微軟祕笈》由時報文化於1997年出版）。

3. 這項資訊出自蓋茲於1994年接受雜誌採訪，引述自《微軟祕笈》第159頁。
4. David B. Yoffie and Michael A. Cusumano, *Strategy Rules: Five Timeless Lessons from Bill Gates, Andy Grove, and Steve Jobs* (New York: HarperBusiness, 2015), 98–100.（中譯本《我們這樣改變世界》由商周出版社於2015年出版）
5. Manes and Andrews, *Gates*, 245–46.
6. 更多資訊詳見“Did Apple not originally allow anyone to develop software for the Macintosh?” Stack Exchange Retrocomputing, https://retrocomputing.stackexchange.com/questions/2513/did-apple-not-originally-allow-anyone-to-develop-software-for-the-macintosh/2520?utm_medium=organic&utm_source=google_rich_qa&utm_campaign=google_rich_qa（2018年5月21日造訪）。
7. Yoffie and Cusumano, *Strategy Rules*, 114.（中譯本《我們這樣改變世界》由商周出版社於2015年出版）
8. Mathew Rosenberg and Sheera Frenkel, “Facebook’s Role in Data Misuse Sets Off a Storm on Two Continents,” *New York Times*, March 18, 2018；以及Katrin Benhold, “Germany Acts to Tame Facebook, Learning from Its Own History of Hate,” *New York Times*, May 19, 2018。
9. Politico Staff, “Full Text: Mark Zuckerberg’s Wednesday Testimony to Congress on Cambridge Analytica,” *Politico*, April 11, 2018, https://www.politico.com/story/2018/04/09/transcript-mark-zuckerberg-testimony-to-congress-on-cambridge-analytica-509978(accessed May 15, 2018).
10. 詳見“List of Unicorn Start-Up Companies,” *Wikipedia*, https://en.wikipedia.org/wiki/List_of_unicorn_start-up_companies（2018年5月21日造訪）。
11. Brian X. Chen, “Google’s File on Me Was Huge. Here’s Why It Wasn’t as Creepy as My Facebook Data,” *New York Times*, May 16, 2018.
12. 詳見Lina Khan, “Amazon’s Antitrust Paradox,” *Yale Law Journal* 126, no. 3 (January 2017): 710–805；以及“How Many Products Does Amazon Sell?—

January 2018," ScrapeHero, https://www.scrapehero.com/many-products-amazon-sell-january-2018/（2018年5月17日造訪）。

13. 詳見David B. Yoffie and Eric Baldwin, "Apple, Inc. in 2015" (Boston: Harvard Business School Publishing, Case #9-715-456)。
14. 這些年來，我們對「平台」一詞的定義從起初著重於目前所說的產業創新平台，如同以下這本書內所提及的：Annabelle Gawer and Michael A. Cusumano, *Platform Leadership: How Intel, Microsoft, and Cisco Drive Industry Innovation* (Boston: Harvard Business School Press, 2002)，到延續以下這本著作所用的較全面定義：Annabelle Gawer, ed., *Platforms, Markets, and Innovation* (Cheltanham: Edward Elgar, 2009)；以及Michael A. Cusumano, *Staying Power: Six Enduring Principles for Management Strategy and Innovation in an Uncertain World* (Oxford: Oxford University Press, 2010)。另見Michael A. Cusumano, "The Evolution of Platform Thinking," *Communications of the ACM* 53, no. 1 (January 2010): 32–34。
15. Geoffrey Parker, Marshall Van Alstyne, and Sangeet Paul Choudary, *Platform Revolution: How Platform Markets Are Transforming the Economy and How to Make Them Work for You* (New York: W. W. Norton, 2016).（中譯本《平台經濟模式》由天下文化於2016年出版）
16. David S. Evans and Richard Schmalensee, *Matchmakers: The New Economics of Multisided Platforms* (Boston: Harvard Business Review Press, 2016).
17. Annabelle Gawer and Michael A. Cusumano, "How Companies Become Platform Leaders," *MIT Sloan Management Review* 49, no. 2 (Winter 2008): 28–35；以及Cusumano, *Staying Power*, 64。
18. 網路效應有時被稱為「網路外部性」（其實兩者有些微不同）或「規模經濟的需求面」（demand-side economies of scale），但是要判斷哪個是需求面卻很困難。要深入了解這個主題，詳見S. J. Liebowitz and Stephen E. Margolis, "Network Externality: An Uncommon Tragedy," *Journal of Economic Perspectives* 8, no. 2 (Spring 1994): 133–50。
19. 我們最初對「網路效應」的論述或是如同以下出處提及的「從眾動態」（bandwagon dynamics），受到一些論述的影響：Michael A. Cusumano,

Richard S. Rosenbloom, and Yiorgos Mylonadis, "Strategic Maneuvering and Mass Market Dynamics: The Triumph of VHS Over Beta," *Business History Review* 66, no. 1 (Spring 1992): 51–94。在經濟文獻方面最重要的影響是Michael Katz and Carl Shapiro, "Network Externalities, Competition, and Compatibility," *American Economic Review* 75, no. 3 (June 1985): 424–40；"Technology Adoption in the Presence of Network Externalities," *Journal of Political Economy* 94, no. 4 (August 1986): 822–41；以及Paul David, "CLIO and the Economics of QWERTY," *American Economic Review* 75, no. 2 (May 1985): 332–37。另外也請參見Joseph Farrell and Garth Saloner, "Standardization, Compatibility, and Innovation," *Rand Journal of Economics* 16, no. 1 (Spring 1985): 70–83；以及"Installed Base and Compatibility: Innovation, Product Preannouncements, and Predation," *American Economic Review* 76, no. 5 (December 1986): 940–55。

20. David S. Evans, "How Catalysts Ignite: The Economics of Platform-Based Start-ups," in Gawer, ed., *Platforms, Markets, and Innovation*, 99–128.
21. 我們先前將創新平台比喻為「產業平台」，詳見Gawer and Cusumano, *Platform Leadership*；另見先前提到的其他論述和書籍。這種說法跟伊凡斯、哈邱和史馬蘭奇在不同論述所說的「軟體平台」類似，詳見David S. Evans, Andrei Hagiu, and Richard Schmalensee, *Invisible Engines: How Software Platforms Drive Innovation and Transform Industries* (Cambridge, MA: MIT Press, 2006)；以及Evans and Schmalensee, *Matchmakers*。
22. 伊凡斯和史馬蘭奇先前將我們所說的交易平台稱為「媒合者」和「交易系統」（transaction systems），有關「交易系統」的說法詳見David S. Evans and Michael Noel, "Defining Antitrust Markets When Firms Operate Two-Sided Platforms," *Columbia Business Law Review* 2005, no. 3 (January 2005): 667–702。美國最高法院在跟美國運通（American Express）有關的一場訴訟中，用到「交易平台」一詞，這場訴訟主要裁決美國運通勸阻商家鼓勵顧客，使用向商家收取較低費用的其他信用卡之合法性。其他地方法院關於此事的訴訟詳見Supreme Court of the United States, *Ohio et al. v. American Express Co. et al*. (2018)。我們感謝史馬蘭奇提供這方面的資料。

23. 為了針對產業差異進行一些統計分析和控制，我們還選擇「富比士全球二千大企業」名單中，所有跟平台公司相同的產業，然後將這個由一百家公司組成的產業控制組（每年觀察一千零十八次），與四十三家平台公司進行比較（每年觀察三百七十四次）。其他幾項比較也非常有意義（統計信賴水準高達99%）。
24. 我們有關數據分析的第一篇論文詳見Michael A. Cusumano, Annabelle Gawer, and David B. Yoffie, "Platform vs. Non-Platform Company Performance: Some Exploratory Data Analysis," Platform Research Symposium, Boston University, July 2018。本書中列出的最終分析是由Ankur Chavda在麻省理工學院修讀博士學位時完成。先前的數據庫是由哈佛大學其他研究助理Daniel Nightingale與Damjan Korac以及英國薩里大學研究助理Georges Xydopoulos共同建置、整理與分析。
25. Amazon, Inc., "Form 10K" (annual)。引用2017年的數據，第26頁顯示Amazon Web Services的獲利數據。
26. 關於這些平台市場驅動因素，詳見Thomas Eisenmann, Geoffrey Parker, and Marshall Van Alstyne, "Strategies for Two-Sided Markets," *Harvard Business Review*, October 2006, 92–101；以及Parker, Van Alstyne, and Choudary, *Platform Revolution*（中譯本《平台經濟模式》由天下文化於2016年出版）。

第二章　贏家通吃或拿到最多好處：不僅僅是網路效應

1. 哈邱和西蒙・羅斯曼（Simon Rothman）也指出網路效應的侷限，他們警告平台公司不要專注於快速成長，而要與顧客和監管機構建立穩固的信任基礎，詳見Andrei Hagiu and Simon Rothman, "Network Effects Aren't Enough," *Harvard Business Review*, April 2016。
2. 關於我們針對四個市場驅動因素做的概念化，我們要特別感謝以下文獻：Thomas Eisenmann, Geoffrey Parker, and Marshall Van Alstyne, "Strategies for Two-Sided Markets," *Harvard Business Review*, October 2006, 92–101，另見Geoffrey Parker, Marshall Van Alstyne, and Sangeet Paul Choudary, *Platform*

Revolution: How Platform Markets Are Transforming the Economy and How to Make Them Work for You (New York: W. W. Norton, 2016)（中譯本《平台經濟模式》由天下文化於2016年出版）。

3. "Track Gauge in the United States," *Wikipedia*, https://en.wikipedia.org/wiki/Track_gauge_in_the_United_States(accessed April 26, 2018).
4. 有關這事件發展的一個資料來源詳見AT&T, "Evolution of the SBC and AT&T Brands: A Pictorial Timeline," http://www.att.com/Common/files/pdf/logo_evolution_factsheet.pdf（2018年4月26日造訪）。
5. 「網路外部性」這個概念是由貝爾電話公司執行長西奧多．魏爾（Theodore Vail）於1908年該公司年報中率先提出，資料來源"Network Effect," *Wikipedia*, https://en.wikipedia.org/wiki/Network_effect （2018年4月26日造訪）。關於通訊業網路外部性經濟，早期最有影響力的技術論文為Jeffrey Rohlfs, "A Theory of Interdependent Demand for a Communications Service," *Bell Journal of Economics and Management Science* 5, no. 1 (Spring 1974): 16–37，在這篇論文及其他論文中，網路外部性這項概念被用於證明制定低價（低於成本）的合理性，尤其是對新用戶要採取低價策略，以達到全面覆蓋。也就是說，舊用戶（尤其是都市裡的用戶）補貼新用戶（特別是鄉下地區的新用戶），依據的假設是：每新增一個用戶就會讓網路所有用戶受惠。
6. Michael DeGusta, "Are Smart Phones Spreading Faster than Any Technology in Human History?" *MIT Technology Review*, May 9, 2012.
7. 詳見"Telephone Directory," *Wikipedia*, https://en.wikipedia.org/wiki/Telephone_directory（2018年4月26日造訪）。
8. 我們在下面這本書中，說明「號稱免費但並非免費」這個概念：Michael A. Cusumano and David B. Yoffie, *Competing on Internet Time: Lessons from Netscape and Its Battle with Microsoft* (New York: Free Press/Simon & Schuster, 1998), 100（中譯本《誰殺了網景》由中國生產力中心於1999年出版）。
9. 有關工商電話簿的故事詳見https://en.wikipedia.org/wiki/Yellow_pages（2018年4月26日造訪）。

10. Evan D. White and Michael F. Sheehan, "Monopoly, the Holding Company, and Asset Stripping: The Case of the Yellow Pages," *Journal of Economic Issues* 26, no. 1 (March 1992): 159–82.
11. Michael J. de la Merced, "AT&T Sells Majority Stake in Yellow Pages to Cerberus," *New York Times,* April 9, 2012.
12. 以產品或服務作為解決產業普遍面臨問題的解決方案之「核心」或必要部分，我們在先前發表的論述中，將這個策略稱為「核心策略」。這種策略適用於平台尚未存在的市場，詳見Annabelle Gawer and Michael A. Cusumano, "How Companies Become Platform Leaders," *MIT Sloan Management Review* 49, no. 2 (Winter 2008): 28–35。
13. Thumbtack Editors, "How Do the Yellow Pages Still Make Money?" *Thumbtack Journal*, October 7, 2015, https://www.thumbtack.com/blog/how-do-the-yellow-pages-still-make-money/(accessed October 30, 2018).
14. Christopher Hinton, "R. H. Donnelly Files for Bankruptcy," Marketwatch.com, May 29, 2009.
15. Thumbtack Editors, "How Do the Yellow Pages Still Make Money?"
16. Michael E. Porter, *Competitive Strategy: Techniques for Analyzing Industries and Competitors* (New York: Free Press, 1980).〔中譯本《競爭策略》（新版）由天下文化於2019年出版〕
17. 詳見Timothy Bresnahan, Joe Orsini, and Pai-Ling Yin, "Demand Heterogeneity, Inframarginal Multihoming, and Platform Market Stability: Mobile Apps," Stanford University Working Paper, September 15, 2015。
18. 詳見Eisenmann, Parker, and Van Alstyne, "Strategies for Two-Sided Markets"；以及Michael A. Cusumano, *Staying Power: Six Enduring Principles for Management Strategy and Innovation in an Uncertain World* (Oxford: Oxford University Press, 2010), 61–62。
19. 詳見"Open Handset Alliance," *Wikipedia*, https://en.wikipedia.org/wiki/Open_Handset_Alliance（2018年10月19日造訪）。有關這個例子和「引爆策略」的進一步討論詳見Gawer and Cusumano, "How Companies Become Platform Leaders"。

20. Shira Ovide and Daisuke Wakabayashi, "Apple's Share of Smartphone Industry Profits Soars to 92%," *Wall Street Journal*, July 12, 2015；以及Patrick Seitz, "Apple Took 92% of Smartphone Profits in Q4," *Investors Business Daily*, February 7, 2017, http://www.investors.com/news/technology/click/apple-took-92-of-smartphone-industry-profits-in-q4/。

21. Upwork, "Fortune 500 Enterprises Shift Their Contingent Workforce to Upwork Platform Saving Both Time and Money," press release, February 6, 2018, https://www.upwork.com/press/2018/02/06/fortune-500-enterprises/.

22. Dylan Minor and David B. Yoffie, "Upwork: Creating the Human Cloud" (Boston: Harvard Business School Publishing, HBS Case #9-718-402, July 6, 2018), 1.

23. Form S-1, UPWORK INC., https://www.sec.gov/Archives/edgar/data/1627475/000119312518267594/d575528ds1.htm (accessed September 11, 2018).

24. 詳見David B. Yoffie, ed., *Competing in the Age of Digital Convergence* (Boston: Harvard Business School Press, 1997)（中譯本《誰殺了網景》由中國生產力中心於1999年出版）。

25. 詳見David Gelles, "Facebook's Grand Plan for the Future," *Financial Times*, December 3, 2010；以及Annabelle Gawer, "What Managers Need to Know About Platforms," *European Business Review*, July 20, 2011。

26. Brittany Darwell, "Facebook Platform Supports More Than 42 Million Pages and 9 Million Apps," *Adweek*, April 27, 2012, https://www.adweek.com/digital/facebook-platform-supports-more-than-42-million-pages-and-9-million-apps/ (accessed May 22, 2018).

27. Matt Turck, "The Power of Data Network Effects," blog posted January 4, 2016, http://mattturck.com/the-power-of-data-network-effects/(accessed December 21, 2017).

28. Andrew Del-Colle, "How Waze Conquered Mapping with Thousands of Volunteers," *Popular Mechanics*, May 19, 2015.

29. Alexis C. Madrigal, "The Perfect Selfishness of Mapping Apps," *Atlantic*, March 15, 2018.

30. 詳見Google執行董事長艾瑞克・施密特（Eric Schmidt）於2011年9月給美國國會的證詞，https://www.cnet.com/news/eric-schmidts-written-testimony-to-congress/（2018年8月4日造訪）。
31. Jamie Condliffe, "Instagram Now Looks Like a Bargain," *New York Times*, June 27, 2018.
32. Henry Blodgett, "Everyone Who Thinks Facebook Is Stupid for Buying WhatsApp for $19 Billion Should Think Again..." *Business Insider*, February 20, 2014.
33. Evan Spiegel, "Let's Chat," Snap Inc., May 9, 2012, https://www.snap.com/en-US/news/post/lets-chat/(accessed October 30, 2018).
34. 詳見Adi Suja, "Top 15 Niche Online Businesses for Inspiration," *ecommerce platforms*, June 28, 2018, https://ecommerce-platforms.com/articles/top-niche-ecommerce-stores（2018年8月11日造訪）。
35. Betsy Morris and Deepa Seetharaman, "The New Copycats: How Facebook Squashes Competition from Start-ups," *Wall Street Journal*, August 9, 2017.
36. Kurt Wagner and Rani Molla, "Why Snapchat Is Shrinking," *Recode*, August 7, 2018, https://www.recode.net/2018/8/7/17661756/snap-earnings-snapchat-q2-instagram-user-growth (accessed August 13, 2018).
37. Lina Khan, "Amazon's Antitrust Paradox," *Yale Law Journal* 126, no. 3 (January 2017): 780–83.
38. 同上，第710–805頁。
39. Venkat Venkatraman, *The Digital Matrix: New Rules for Business Transformation through Technology* (Canada: Lifetree Media, 2017).
40. Michael A. Cusumano, "Amazon and Whole Foods: Follow the Strategy (and the Money)," *Communications of the ACM* 60, no. 10 (October 2017): 24–26.

第三章　策略與商業模式：創新平台、交易平台或混合平台

1. 詳見Jonathan Wareham, Paul Fox, and Josep Lluis Cano Giner, "Technology Ecosystem Governance," *Organization Science* 25, no. 4 (July–August 2014)；

以及Geoffrey Parker, Marshall Van Alstyne, and Sangeet Paul Choudary, *Platform Revolution: How Platform Mrkets Are Transforming the Economy and How to Make Them Work for You* (New York: W. W. Norton, 2016)（中譯本《平台經濟模式》由天下文化於2016年出版）。

2. David B. Yoffie, Liz Kind, and David Ben Shimol, "Numenta: Inventing and (or) Commercializing AI" (Boston: Harvard Business School Publishing, Case #9-716-469, July 2018).
3. 另見Cade Metz, "Jeff Hawkins Is Finally Ready to Explain His Brain Research," *New York Times*, October 14, 2018。
4. David S. Evans and Richard Schmalensee, *Matchmakers: The New Economics of Multisided Platforms* (Boston: Harvard Business Review Press, 2016).
5. Annabelle Gawer and Michael A. Cusumano, "How Companies Become Platform Leaders," *MIT Sloan Management Review* 49, no. 2 (Winter 2008): 28–35.
6. Thales Teixeira and Morgan Brown, "Airbnb, Etsy, Uber: Acquiring the First Thousand Customers" (Boston: Harvard Business School Publishing, Case #9-516-094, January 2018).
7. David S. Evans, "How Catalysts Ignite: The Economics of Platform-Based Start-ups," in Annabelle Gawer, ed., *Platforms, Markets, and Innovation* (Cheltenham: Edward Elgar Publishing Limited, 2009), 99–128.
8. Stuart Dredge, "WhatsApp Messaging App to Charge iPhone Users an Annual Subscription," *Guardian*, July 17, 2013，另見Alex Hern, "WhatsApp Drops Subscription Fee to Become Fully Free," *Guardian*, January 18, 2016。
9. Elaine Pofeldt, "Freelance Giant Upwork Shakes Up Its Business Model," *Forbes*, May 3, 2016.
10. 有關Uber司機流失率、招募成本和其他費用的最新數據與分析，詳見CB Insights, "How Uber Makes Money" (2018), https://drive.google.com/file/d/1tOp8MorFS0q_DI22nU2WFyYq-4UTXQY/view（2018年12月14日造訪）。
11. Steven Hill, "What Dara Khosrowshahi Must Do to Save Uber," *New York*

Times, August 30, 2017，另見Ben Thompson, "Uber's Bundles," Stratechery.com, August 28, 2018。

12. Kirsten Korosec, "Uber Freight's App for Truck Drivers Is Getting an Upgrade," *Techcrunch*, October 11, 2018.
13. 詳見David S. Evans, Andrei Hagiu, and Richard Schmalensee, *Invisible Engines: How Software Platforms Drive Innovation and Transform Industries* (Cambridge, MA: MIT Press, 2006)。另見Evans and Schmalensee, *Matchmakers*；以及Parker, Van Alstyne, and Choudary, *Platform Revolution*（中譯本《平台經濟模式》由天下文化於2016年出版）。
14. Michael A. Cusumano, "The Bitcoin Ecosystem," *Communications of the ACM* 57, no. 10 (October 2014): 22–24.
15. "Start-up of the Week: Deliveroo," *Wired*, April 2, 2015.
16. Sarah Butler, "Deliveroo Boss Doubled His Pay Ahead of Riders' Protest," *Guardian*, November 11, 2016.
17. Adam Satariano, "Deliveroo Takes a Kitchen-Sink Approach to Food Apps," *Bloomberg Businessweek*, February 17, 2018.
18. Stephanie Strom, "OpenTable Began a Revolution. Now It's a Power Under Siege," *New York Times*, August 29, 2017.
19. Google, "Google Ads," https://ads.google.com/home/(accessed October 30, 2018).
20. Slinger Jansen and Michael A. Cusumano, "Defining Software Ecosystems: A Survey of Software Platforms and Business Network Governance," in Slinger Jansen, Sjaak Brinkemper, and M. A. Cusumano, eds., *Software Ecosystems: Analyzing and Managing Business Networks in the Software Industry* (Cheltanham: Edward Elgar, 2013), 13–28.
21. Sascha Ega, "5 Reasons Why Google Sold Motorola, and 5 Reasons Why Lenovo Bought It," *PCMag.com*, January 30, 2014.
22. Edoardo Maggio, "Google Acquires HTC Team in $1.1 Billion Agreement to Beef Up Hardware Division," *Business Insider*, September 20, 2017.
23. Janet Wagner, "Overly Restrictive API Policies Kill Innovation,"

ProgrammableWeb, 2014, https://www.programmableweb.com/news/overly-restrictive-api-policies-kill-innovation/analysis/2014/07/16(accessed June 14, 2017).

24. Sharon Gaudin, "Twitter Apologizes to, Tries to Woo Back, Developers," *ComputerWorld*, October 21, 2015.
25. Uber, "What Does the Background Check Include?" https://help.uber.com/h/1bde7f02-9eb0-4111-bf29-6c984e2146ad （2017年6月14日造訪），另見Farhad Manjoo, "Uber Wants to Rule the World. First It Must Conquer India," *New York Times*, April 14, 2017。
26. Li Yuan, "Customer Died. Will That Be a Wake-up Call for China's Tech Scene?" *New York Times*, August 29, 2018；以及Sui-Lee Wee, "Didi Suspends Carpooling Service in China After 2nd Passenger is Killed," *New York Times*, August 26, 2018。
27. Uber, "Community Guidelines," https://www.uber.com/legal/community-guidelines/us-en/(accessed July 3, 2017).
28. Airbnb, "Community Commitment," http://blog.atairbnb.com/the-airbnb-community-commitment/ (accessed July 5, 2017).
29. David B. Yoffie and Dylan Minor, "Upwork: Creating the Human Cloud" (Boston: Harvard Business School Publishing, Case #9-717-475, May 2017).
30. Sheera Frenkel, "Facebook Will Use Artificial Intelligence to Find Extremist Posts," *New York Times*, June 15, 2017；以及TripAdvisor, "Review Moderation and Fraud Detection FAQ ," https://www.tripadvisor.co.uk/vpages/review_mod_fraud_detect.html（2017年7月3日造訪）。
31. Airbnb, "Updated Terms of Service," https://www.airbnb.co.uk/terms (accessed July 3, 2017).
32. Annabelle Gawer and Michael A. Cusumano, *Platform Leadership: How Intel, Microsoft, and Cisco Drive Industry Innovation* (Boston: Harvard Business School Press, 2002).
33. Chuck Jones, "Apple's App Store Generated Over $11 Billion in Revenue for the Company Last Year," *Forbes*, January 6, 2018.

34. Kevin Roose, "Facebook Emails Show Its Real Mission: Making Money and Crushing Competition," *New York Times*, December 5, 2018.
35. Georgia Wells, "Snapchat Zigs Where Facebook Zags," *Wall Street Journal*, June 14, 2018.
36. Expedia Affiliate Network, "eps rapid," http://developer.ean.com/（2017年7月5日造訪）；以及"API," https://www.ean.com/solutions/api（2017年7月5日造訪）。
37. "The Hidden Cost of Building an Android Device," *Guardian*, January 23, 2014.
38. 中國智慧型手機製造商是例外。由於Google並未進軍中國市場，像騰訊、小米、華為和百度等平台公司，為中國手機用戶設計替代應用程式商店，詳見http://technode.com/2017/06/02/top-10-android-app-stores-china-2017/（2017年9月29日造訪），另見個別公司網站。
39. 我們感謝Valeria Xiao Jia研究微信的商業模式。
40. Rachel King, "IBM Courts Coders with Watson," *New York Times*, November 11, 2016.
41. Rajiv Lal and Scott Johnson, "GE Digital" (Boston: Harvard Business School Publishing, Case #N9-517-063, February 2017)；以及Steve Lohr, "GE Makes a Sharp Pivot on Digital," *New York Times*, April 19, 2018。
42. Nathaniel Popper and Steve Lohr, "Blockchain: A Better Way to Track Porkchops, Bonds, Bad Peanut Butter?" *New York Times*, March 4, 2017.
43. Christopher Mims, "The Lesson of Yahoo: Don't Lose Your Focus," *Wall Street Journal*, July 27, 2016.

第四章 失敗平台常犯的四大錯誤：定價不當、互不信任、錯失良機、輕忽對手

1. Exostar, "About Us," https://www.exostar.com/company/(accessed July 20, 2018).
2. Marshall W. Van Alstyne, Geoffrey G. Parker, and Sangeet Paul Choudary, "6 Reasons Platforms Fail," *Harvard Business Review*, March 31, 2016.

3. Ellen Huet, "Sidecar Puts Passengers Aside, Pivots to a Mostly-Deliveries Company," *Forbes*, August 5, 2015.
4. Douglas MacMillan, "Sidecar Succumbs to Uber and Lyft in Car-Hailing Wars," *Wall Street Journal*, December 29, 2015，另見Sunil Paul, "Why We Sold to GM," *Medium*(blog post), January 20, 2016, https://medium.com/@SunilPaul/why-we-sold-to-gm-83a29058af5a#.okepk6jjy （2018年10月20日造訪）。
5. Carolyn Said, "Could Sidecar's Patent Trip Up Uber, Lyft?" *SFGate*, May 16, 2015, http://www.sfgate.com/business/article/Could-Sidecar-s-patent-trip-up-Uber-Lyft-6267124.php#photo-7985861(accessed October 30, 2018).
6. "Sidecar Connects Drivers and Passengers One Ride at a Time," *Sidecar*, http://www.side.cr/sidecar-connects-drivers-and-passengers-one-ride-at-a-time/ (accessed October 30, 2018).
7. Zusha Elinson, "Cab Companies Want to Put the Brakes on Rideshare Services," *NBC Bay Area*, September 4, 2012, https://www.nbcbayarea.com/news/local/Cab_companies_want_to_put_the_brakes_on_rideshare_services-168425826.html(accessed October 30, 2018).
8. Heather Somerville, "Sidecar Ends Donation Fares," *Silicon Beat*, November 15, 2013.
9. Ryan Lawler, "Lyft Off: Zimride's Long Road to Overnight Success," *TechCrunch*, August 29, 2014.
10. Ryan Lawler, "Look Out, Lyft: Uber CEO Travis Kalanick Says It Will Do Ride Sharing, Too," *TechCrunch*, September 12, 2012.
11. Luz Lazo, "Uber Turns 5, Reaches 1 Million Drivers and 300 Cities Worldwide. Now What?" *Washington Post*, June 4, 2015。另見Youngme Moon, "Uber: Changing the Way the World Moves" (Boston: Harvard Business School Publishing, Case #316-101, November 2015)；以及Andrew J. Hawkins, "Uber Covers 75 Percent of the US, but Getting to 100 Will Be Really Hard," *Verge*, October 23, 2015。
12. "Lyft CEO: We Have Over 100,000 Drivers Across the Country," *Bloomberg Technology*, March 6, 2015.

13. Scott Van Maldegiam, "Sidecar: The Ins and Outs," *Rideshare Guy*, February 25, 2015.
14. Sunil Paul, "So Long Sidecar and Thanks," *Medium*(blog), December 29, 2015, https://medium.com/@SunilPaul/so-long-sidecar-and-thanks-74c8a0955064#.3zka094ou(accessed October 30, 2018).
15. Paul, "Why We Sold to GM."
16. Huet, "Sidecar Puts Passengers Aside."
17. Lightspeed Venture Partners投資人關係副總裁麥克・羅馬諾（Michael Romano），引述自Heather Somerville, "Sidecar to Stop Ride, Delivery Services at End of Year," *Reuters*, December 29, 2015。
18. Altimeter Group分析師布萊恩・索里斯（Brian Solis），引述自Huet, "Sidecar Puts Passengers Aside"。
19. 引述自Huet, "Sidecar Puts Passengers Aside"。
20. Emma G. Fitzsimmons, "Uber Hit with Cap as New York City Takes Lead in Crackdown," *New York Times*, August 8, 2018.
21. Greg Bensinger and Maureen Farrell, "Uber Joins Lyft in Race to Tap Investors," *Wall Street Journal*, December 7, 2018.
22. 詳見Robert Burgelman, Robert Siegel, and Henry Lippincott, "PayPal in 2015: Reshaping the Financial Services Website," Stanford GSB No. E-572, November 2015。
23. eBay Inc., *Annual Report 2002* (Form 10-K), March 31, 2003, 21–22.
24. 引述自Jeffrey Ressner and Bill Powell, "Why eBay Must Win China," *Time*, September 5, 2005。
25. Helen H. Wang, "How eBay Failed in China," *Forbes*, September 12, 2010.
26. Porter Erisman, *Alibaba's World: How a Remarkable Chinese Company Is Changing the Face of Global Business* (New York: Palgrave Macmillan, 2015).
27. Mark Greeven, Shengyun Yang, Tao Yue, Eric van Heck, and Barbara Krug, "How Taobao Bested eBay in China," *Financial Times*, March 12, 2012.
28. 詳見Liu Shiying and Martha Avery, *Alibaba: The Inside Story Behind Jack Ma and the Creation of the World's Biggest Online Marketplace* (New York: Collins

Business, 2009), 124–25。

29. Ressner and Powell, "Why eBay Must Win China." ，另見Erisman, *Alibaba's World*。
30. Wang, "How eBay Failed in China."
31. Ressner and Powell, "Why eBay Must Win China."
32. Mylene Mangalinden, "Hot Bidding: In a Challenging China Market, EBay Confronts a Big New Riva," *Wall Street Journal*, August 12, 2005, A1，另見Jason Dean and Jonathan Cheng, "Yahoo Is Set to Announce Alibaba Deal," *Wall Street Journal*, August 11, 2005。
33. Wang, "How eBay Failed in China."
34. Tania Branigan, "China: Ambitious Alibaba Takes on the World," *Guardian*, September 14, 2010.
35. "eBay's Deal with Tom Online Offers Some Timely Lessons for Managers of Global Online Companies," *Knowledge@Wharton*, February 14, 2007, http://knowledge.wharton.upenn.edu/article/ebays-deal-with-tom-online-offers-some-timely-lessons-for-managers-of-global-online-companies/（2018年10月30日造訪），另見Erisman, *Alibaba's World*。
36. Bruce Einhorn, "How eBay Found a Secret Way into China," *Bloomberg Businessweek*, April 14, 2011；以及*Knowledge@Wharton*, "eBay's Deal with Tom Online"。
37. 詳見Shiying and Avery, *Alibaba*, 117–28。
38. Mure Dickie, "China's Crocodiles Ready for a Fight," *Financial Times*, July 14, 2004.
39. Einhorn, "How eBay Found a Secret Way into China."
40. 馬雲數度引述這段話，只是措詞有所不同，這個版本引述自Dickie, "China's Crocodiles Ready for a Fight"。
41. James Kobielus, "Netscape's Code Giveaway Won't Kill Microsoft," *Network World*, March 23, 1998.
42. Andy Eddy, "Netscape's Helpers," *Network World*, June 22, 1998.
43. Charles Herold, "NEWS WATCH: BROWSERS: Netscape Unveils Mozilla 1.0,

Another Window on the Web," *New York Times*, July 4, 2002.

44. "New Browser Wins Over Net Surfers," *BBC News*, November 24, 2005, http://news.bbc.co.uk/2/hi/technology/4037833.stm(accessed October 30, 2018).

45. Eric Lai and Gregg Keizer, "IE Still Top Dog in Corporate Browser Kennel," *ComputerWorld*, January 14, 2008.

46. Russel Kay, "Browsing the Browsers," *ComputerWorld*, November 8, 2004.

47. Michael Gartenberg, "Business Must Be Cautious with Firefox," *ComputerWorld*, January 24, 2005.

48. U.S. CERT, "Vulnerability Note VU#713878," June 9, 2004, https://www.kb.cert.org/vuls/id/713878(accessed October 30, 2018).

49. Dan Tynan, "The 25 Worst Tech Products of All Time," *PCWorld*, May 26, 2006.

50. Todd Bishop, "Internet Explorer GM: 'We Messed Up,'" Miscrosoft Blog, *Seattle PI*, March 20, 2006, http://blog.seattlepi.com/microsoft/2006/03/20/internet-explorer-gm-we-messed-up/ (accessed October 30, 2018).

51. 衡量瀏覽器市場占有率是一件很有挑戰性的工作。衡量瀏覽器市場占有率的兩大市場研究網站，使用不同的方法進行衡量：一家衡量網頁總流量，另一家衡量網站每日不重複的造訪次數，其中的差異在於，如果使用者造訪《紐約時報》網站並閱讀四篇不同的報導，網頁總流量是四，但不重複造訪次數只有一。網頁流量衡量特定瀏覽器的網路總流量，而網站不重複造訪次數則衡量使用特定瀏覽器的使用者人數。在衡量網站每日不重複造訪次數時，IE於2016年仍以43%的市場占有率，險勝Chrome的39%，榮登市場占有率龍頭寶座，Firefox的市場占有率只有10%。以網頁總流量來說，Chrome則大幅領先，市場占有率達60%，Firefox和IE爭奪市場老二地位，市場占有率分別是15.7%和13.7%。

52. Steven Levy, "Inside Chrome: The Secret Project to Crush IE and Remake the Web," *Wired*, September 2, 2008.

53. Megan Geuss, "Which Browser Should You Use?" *PCWorld*, February 26, 2012.

54. Ann Bednarz, "Browser Wars," *Network World*, November 2, 2011.

55. 內文引述自"Google Cell Platform No Threat, Rivals Say: Move Seen to Give

Search Engine Leg Up on Mobile Advertising," *Ottawa Citizen*, November 6, 2007。

56. Jay Yarow, "Here's What Steve Ballmer Thought About the iPhone Five Years Ago," *Business Insider,* June 29, 2012.
57. Peter Bright, "Windows Phone 7: The Ars Review," *ArsTechnica*, October 22, 2010.
58. Sascha Segan, "Microsoft's Windows Phone 7 OS," *PCMag*, October 20, 2010.
59. Joshua Topolsky, "Windows Phone 7 Review," *Engadget*, October 20, 2010.
60. Dieter Bohn and Chris Ziegler, "Windows Phone 8 review," *Verge*, October 29, 2012.
61. Bright, "Windows Phone 7."
62. 詳見Sam Oliver, "Nokia Ditches Symbian, Embraces Microsoft Windows Phone for New Handsets," *AppleInsider*, February 11, 2011。
63. 皮特・坎寧安（Pete Cunningham），引述自Kevin J. O'Brien, "Together, Nokia and Microsoft Renew a Push in Smartphones," *New York Times*, February 11, 2011。
64. O'Brien, "Together, Nokia and Microsoft Renew a Push in Smartphones."
65. 詳見Katie Marsal, "IDC Predicts Windows Phone Will Top Apple's iOS in Market Share by 2015, *AppleInsider*, March 29, 2011。
66. Joey deVilla, "The Windows Phone Predictions that IDC, Gartner and Pyramid Research Probably Hope You've Forgotten," *Global Nerdy*, May 7, 2012.
67. Matt Rosoff, "The Research Firm That Once Thought Microsoft Would Beat the iPhone Has Given Up on Windows Phone," *Business Insider,* December 7, 2015.
68. Segan, "Microsoft Windows Phone 7 OS."
69. Topolsky, "Windows Phone 7 Review."
70. Jenna Wortham and Nick Wingfield, "Microsoft Is Writing Checks to Fill Out Its App Store," *New York Times*, April 5, 2012.
71. 同上。
72. Alexandra Chang, "Review: Microsoft Windows Phone 8," *Wired*, October 29, 2012.

73. "Snapchat," *Windows Central*, May 3, 2016.
74. Ewan Spence, "Ruthless Microsoft's Smart Decision to Kill Windows Phone," *Forbes*, January 30, 2016.
75. Andrew S. Grove, *Only the Paranoid Survive: How to Exploit the Crisis Points that Challenge Every Company* (New York: Random House, 1996).（中譯本《10倍速時代》由大塊文化於1996年出版）

第五章　老狗要能學會新把戲：建立平台、購買平台或加入平台

1. Michael A. Cusumano, *Staying Power: Six Enduring Principles for Management Strategy and Innovation in an Uncertain World* (Oxford: Oxford University Press, 2010), 57.
2. Avery Hartmans, "Airbnb Now Has More Listings Worldwide Than the Top Five Brands Combined," *Business Insider*, August 10, 2017.
3. Julie Weed, "Blurring Lines, Hotels Get into the Home-Sharing Business," *New York Times*, July 2, 2018.
4. Andrei Hagiu and Julian Wright, "Do You Really Want to Be an eBay?" *Harvard Business Review,* March 2013; Andrei Hagiu and Julian Wright, "Controlling Versus Enabling," *Management Science*, forthcoming.
5. 本書的共同作者尤菲是宏達電公司董事。
6. Lina Khan, "Amazon's Antitrust Paradox," *Yale Law Journal* 126, no. 3 (January 2017): 710–805.
7. Brad Stone, *The Everything Store: Jeff Bezos and the Age of Amazon* (New York: Little, Brown and Company, 2014): 301–5.
8. Michael A. Cusumano and David B. Yoffie, *Competing on Internet Time: Lessons from Netscape and Its Battle with Microsoft* (New York: Free Press/ Simon & Schuster, 1998).（中譯本《誰殺了網景》由中國生產力中心於1999年出版）
9. P. H. Huang, M. Ceccagnoli, C. Forman, and D. J. Wu, "Appropriability Mechanisms and the Platform Partnership Decision: Evidence from Enterprise

Software," *Management Science* 59, no. 1 (January 2013): 102–21.

10. Anna Hensel, "How This Entrepreneur Turned e-Commerce Giants into Customers," *Inc.*, August 12, 2015.
11. Burt Helm, "How This Company Makes $70 Million Selling Random Stuff on Amazon," *Inc.*, March 2016.
12. Rebecca Jarvis, John Kapetaneas, and Kelly McCarthy, "This NY Company Is Changing the e-Commerce Game with Changing Prices on Amazon," *ABC News*, June 2, 2016.
13. Helm, "How This Company."
14. 同上。
15. Jarvis, Kapetaneas, and McCarthy, "This NY Company."
16. Helm, "How This Company."
17. Jarvis, Kapetaneas, and McCarthy, "This NY Company."
18. Karen Cheung, "HK Uber Drivers Fined HK$7,000, Licenses Suspended for 12 Months," *HKFP*, January 22, 2016, https://www.hongkongfp.com/2016/01/22/uber-drivers-fined-hk7000-licences-suspended-for-12-months/(accessed July 20, 2016).
19. "Uber Clarifies Some Issues over Forced Exit from Hungary," *Portfolio,* July 18, 2016.
20. Shirley Leung, "All Hail Uber, Anywhere but Logan," *Boston Globe*, July 19, 2016.
21. Scott McCartney, "You Can't Take an Uber Home from These Airports," *Wall Street Journal*, July 6, 2016.
22. Jody Rosen, "The Knowledge, London's Legendary Taxi-Driver Test, Puts Up a Fight in the Age of GPS," *New York Times Style Magazine*, November 10, 2014.
23. U.K. Department of Transport, "Taxis, Private Hire Vehicles and Their Drivers," updated August 25, 2015, https://www.gov.uk/government/statistical-data-sets/taxi01-taxis-private-hire-vehilces-and-their-drivers#table-taxi0101(accessed May 3, 2016).
24. Sam Knight, "How Uber Conquered London," *Guardian*, April 27, 2016.

25. 引述自Knight, "How Uber Conquered London"。
26. Kiki Loizou, "Hail Me on My Taxi App, Guv'nor," *Sunday Times* (London), August 12, 2012.
27. Toby Green, "Hail and Hearty Hailo Grows," *Evening Standard* (London), September 23, 2013。有關計程車載客量詳見London Chamber of Commerce and Industry, "The London Taxi Trade—a Report by the London Chamber of Commerce," June 2007, 3–4。
28. Louise Armitstead, "Hailo Is Just Waiting for That Tricky Second Album," *Daily Telegraph* (London), November 4, 2013; Annabel Palmer, "The Unlikely Bedfellows Driving a Cab Revolution," *City A.M.*, November 25, 2013.
29. "Hailo Taxi App Offices Vandalised as London Black Cab Drivers' Anger Grows," *Guardian*, May 22, 2014.
30. David Hellier, "London's Black-Cab Drivers Use Rival App to Compete with Upstart Uber," *Guardian*, September 5, 2015; Sam Shead, "Taxi App Gett Has Acquired London's Radio Taxis for 'Several Million Pounds' to Help It Take on Uber," *Business Insider,* March 30, 2016.
31. Prashant S. Rao and Mike Isaac, "Uber Loses License to Operate in London," *New York Times*, September 22, 2017.
32. Julia Kollewe and Glyn Topham, "Uber Apologises After London Ban and Admits 'We Got Things Wrong,'" *Guardian*, September 25, 2017; Rao and Isaac, "Uber Loses License to Operate in London."
33. Mark Kleinman, "Uber Lines Up Banker to Chair UK Unit amid London Ban Appeal," *SkyNews*, October 26, 2017.
34. Sean O'Kane and James Vincent, "Uber Wins the Right to Keep Operating in London," *Verge*, June 26, 2018.
35. "Walmart Tops 2002 Ranking of the Fortune 500," Time-Warner press release, April 1, 2002, http://www.timewarner.com/newsroom/press-releases/2002/04/01/Walmart-tops-2002-ranking-of-the-fortune-500(accessed June 29, 2017).
36. 詳見"Fortune Global 500," *Fortune*, http://fortune.com/global500/（2017年7月

1日造訪）。

37. “Retail e-Commerce Sales in the United States from 2016–2022,” *Statistica*, https://www.statista.com/statistics/272391/us-retail-e-commerce-sales-forecast/ (accessed October 30, 2018).
38. Laura Stevens and Sara Germano, “Nike Thought It Didn’t Need Amazon—Then the Ground Shifted,” *Wall Street Journal*, June 28, 2017.
39. Helm, “How This Company.”
40. Amazon, “Amazon.com Announces First Quarter Sales Up 43% to $51.0 Billion,” company press release, April 26, 2018.
41. Reuters, “Amazon’s Third-Party Sellers Had Record-Breaking Sales in 2016,” *Fortune,* January 4, 2017.
42. “Amazon.com: Third-Party Sellers Drive Profitability,” *Seeking Alpha*, April 1, 2016.
43. Nandita Bose, “Walmart Completes Acquisition of Jet.com,” *Reuters*, September 19, 2016.
44. David Collis, Andy Wu, Rembrand Koning, and Huaiyi Cici Sun, “Walmart Inc. Takes on Amazon.com” (Boston: Harvard Business School Publishing, Case #9-718-481, May 31, 2018), 23.
45. Nancee Halpin, “Walmart Reportedly in Talks to Acquire Jet.com,” *Business Insider*, August 6, 2016.
46. Krystina Gustafson, “Wal-Mart: This Is Why Jet.com Is Worth $3.3 Billion,” *CNBC*, August 8, 2016, http://www.cnbc.com/2016/08/08/Wal-mart-this-is-why-jetcom-is-worth-33-billion.html.
47. Leena Rao, “Jet.com, the Online Shopping Upstart, Drops Membership Fee,” *Fortune*, October 7, 2015.
48. 詳見“The Jet Marketplace,” https://jetsupport.desk.com/customer/en/portal/articles/2412295-the-jet-marketplace（2017年6月29日造訪）。
49. Issie Lapowsky, “Crushing Amazon Would Be Nice, but Jet.com Also Wants to Boost Small Merchants,” *Wired*, February 16, 2015.
50. Paul R. La Monica,” Walmart Is killing Target and making Amazon sweat,”

CNN Money, November 16, 2017，另見Walmart, “Walmart U.S. Q3 Comps(1) Grew 2.7% and Walmart U.S. E-commerce Sales Grew 50%, Company Reports Q3 FY18 GAAP EPS of $0.58; Adjusted EPS(2) of $1.00,” Walmartpress release, November 16, 2018, https://news.walmart.com/2017/11/16/walmart-us-q3-comps-1-grew-27-and-walmart-us-e-commerce-sales-grew-50-company-reports-q3-fy18-gaap-eps-of-058-adjusted-eps-2-of-100（2018年3月10日造訪）。

51. Matthew Boyle, “Walmart Whistle-Blower Claims Cheating in Race with Amazon,” *Bloomberg*, March 15, 2018, https://www.bloomberg.com/news/articles/2018-03-15/walmart-whistle-blower-claims-retailer-cheated-to-catch-amazon (accessed March 16, 2018).
52. 沃爾瑪公司2018年第四季盈餘說明會（2018年2月20日），文字紀錄詳見https://corporate.walmart.com/media-library/document/q4fy18-earnings-webcast-transcript/_proxyDocument?id=00000161-d2c0-dfc5-a76b-f3f01e430000（2018年3月10日造訪）。
53. Phil Wahba, “Walmart’s Jet.com Launches Its Own Private Brand to Woo Millennials,” *Fortune*, October 23, 2017.
54. Boyle, “Walmart Whistle-Blower Claims.”
55. Corinne Abrams, Sarah Nassauer, and Douglas MacMillan, “Walmart Takes on Amazon with $15 Billion Bid for Stake in India’s Flipkart,” *Wall Street Journal*, May 4, 2018；以及Vindu Goel, “Walmart Takes Control of India’s FlipKart in E-Commerce Gamble,” *New York Times*, May 9, 2018。
56. 詳見Andrei Hagiu and Elizabeth Altman, “Finding the Platform in Your Product,” *Harvard Business Review*, July–August 2017.
57. Clayton Christensen, *The Innovator’s Dilemma: When New Technologies Cause Great Firms to Fail* (1997; repr., Boston: Harvard Business Review Press, 2015).（中譯本《創新的兩難》由商周出版社於2000年出版）
58. John Greenough, “GE Makes Wind Energy More Efficient — AT&T Distracted Driving — Cloud Infrastructure Growth,” *Business Insider Intelligence*, May 20, 2015.

59. Barb Darrow, "GE Preps Industrial-Strength Cloud of Its Own," *Fortune*, August 5, 2015.
60. Laura Winig, "GE's Big Bet on Data and Analytics," *MIT Sloan Management Review*, February 2016.
61. Rajiv Lal and Scott Johnson, "GE Digital" (Boston: Harvard Business Review Publishing, Case #517-063, February 2017), 5.
62. 詳見Thomas Kellner, "Everything You Always Wanted to Know About Predix, but Were Afraid to Ask," GE Reports, October 4, 2014, http://www.ge.com/reports/post/99494485070/everything-you-always-wanted-to-know-about-predix/（2018年10月30日造訪）。
63. Lal and Johnson, "GE Digital," 6.
64. Barb Darrow, "GE Is Building Its Own Cloud: Outsiders Wonder Why," *Fortune*, August 6, 2015.
65. Barb Darrow, "New GE Chief Confirms Narrower Focus for Industrial Cloud," *Fortune*, September 20, 2017.
66. Barb Darrow, "Here's Why GE Shelved Plans to Build Its Own Amazon-Like Cloud," *Fortune*, September 6, 2017; Anna Hensel, "How This Entrepreneur Turned E-Commerce Giants into Customers," *Inc. 5000*, August 21, 2015；以及Alwyn Scott, "GE Is Shifting the Strategy for Its $12 Billion Digital Business," *Business Insider*, August 28, 2017。
67. Winig, "GE's Big Bet," 6.
68. Thomas Kellner, "Ready for Prime Time: Intel Joins GE as It Opens Predix, Its Digital Platform for the Industrial Internet, to All Users," GE Reports, February 22, 2016, http://www.gereports.com/ready-for-prime-time-ge-opens-predix-its-digital-platform-for-the-industrial-internet-to-everyone/(accessed October 30, 2018).
69. Mark Bernardo, "Introducing Predix Kits, the Newest Addition to Our Developer Toolkit," *Predix Developer Network Blog*, July 26, 2018, https://www.predix.io/blog/article.html?article_id=1948(accessed October 30, 2018).

70. Danny Palmer, "GE Opens Paris 'Digital Foundry' in International Industrial IoT Push,' *ZD Net*, June 14, 2016；以及Adrian Bridgewater, "GE Builds 'Digital Foundry' Locations, Where Physics + Analytics Intersect," *Forbes*, October 22, 2016。
71. Lal and Johnson, "GE Digital," 6.
72. Winig, "GE's Big Bet."
73. "Siemens and General Electric Gear Up for the Internet of Things," *Economist*, December 3, 2016.
74. 引述自Winig, "GE's Big Bet"。
75. Siemens, "MindSphere—The Internet of Things (IoT) Solution," https://www.siemens.com/global/en/home/products/software/mindsphere.html (accessed October 30, 2018).
76. Siemens and SAP, "Delivering an Open Cloud for Industrial Customers," https://cloudplatform.sap.com/success/siemens.html(accessed October 30, 2018).
77. "The Industrial IoT: 125+ Start-ups Transforming Factory Floors, Oil Fields, and Supply Chains," *CB Insights*, May 5, 2017.
78. Scott, "GE Is Shifting the Strategy."
79. 同上。
80. John Flannery, "Our Future Is Digital," LinkedIn (blog post), September 15, 2017, https://www.linkedin.com/pulse/our-future-digital-john-flannery/ (accessed October 30, 2018).
81. Scott, "GE Is Shifting the Strategy."
82. ThomsonReuters Street Events, "General Electric Co Investor Update—Edited Transcript," November 13, 2017, https://www.ge.com/investor-relations/sites/default/files/GE-USQ_Transcript_2017-11-13.pdf (accessed March 15, 2018).
83. General Electric, *2017 Annual Report*, https://www.ge.com/investor-relations/ar2017/ceo-letter(accessed October 30, 2018).
84. Thomas Grysta and David Benoit, "GE Ousts CEO John Flannery in Surprise Move After Missed Targets," *Wall Street Journal*, October 1, 2018.

第六章　平台是把雙刃劍：善用但不要濫用平台的力量

1. Henry Blodget的採訪報導，“Mark Zuckerberg on Innovation,” *Business Insider*, October 1, 2009。
2. 證詞全文詳見https://www.judiciary.senate.gov/imo/media/doc/04-10-18%20Zuckerberg%20Testimony.pdf。
3. Farhad Manjoo, “The Frightful Five Want to Rule Entertainment. They Are Hitting Limits,” *New York Times*, October 11, 2017.
4. Lina M. Khan, “Amazon’s Antitrust Paradox,” *Yale Law Journal* 126, no. 3 (January 2017): 710–805.
5. Cao Li, Alexandra Stevenson, and Sui-Lee Wee, “As Chinese Investors Panic over Dubious Products, Authorities Quash Protests,” *New York Times*, August 9, 2018.
6. 詳見Michael A. Cusumano and David B. Yoffie, *Competing on Internet Time: Lessons from Netscape and Its Battle with Microsoft* (New York: Free Press/ Simon & Schuster, 1998)（中譯本《誰殺了網景》由中國生產力中心於1999年出版）。另見Andrew I. Gavil and Harry First, *The Microsoft Antitrust Cases: Competition Policy for the Twenty-First Century* (Cambridge, MA: MIT Press, 2014)；以及William Page and John E. Lopatka, *The Microsoft Case: Antitrust, High Technology, and Consumer Welfare* (Chicago: University of Chicago Press, 2009)。
7. Sharon Pian Chan, “Long Antitrust Saga Ends for Microsoft,” *Seattle Times*, May 11, 2011.
8. 詳見European Commission, Competition, “Microsoft Case: The Commission’s Investigation,” http://ec.europa.eu/competition/sectors/ICT/microsoft/investigation.html（2018年10月30日造訪）。
9. 2006年，歐盟委員會再次懲處微軟，這次罰金高達2.8億歐元（3.5億美元），認定微軟沒有迅速因應法規，並對取用介面資訊索取過高的費用，詳見David Gow, “EU Fine Microsoft €280m,” *Guardian*, July 12, 2006。2008年，歐盟委員會判定，微軟繼續索取「不合理的費率」，下令該公司另外支付8.99億歐元（11.2億美元）的罰款，後來金額減少到8.6億美元（10.7億美元），詳見Jon Brodkin, "Microsoft's Hefty Antitrust Fine Upheld by European Court," *Ars Technica*, June 27, 2012。

10. Chan, "Long Antitrust Saga Ends for Microsoft."
11. Cusumano and Yoffie, *Competing on Internet Time*.（中譯本《誰殺了網景》由中國生產力中心於1999年出版）
12. European Commission, "Antitrust: Commission Welcomes General Court Judgment in Microsoft Compliance Case," press release, June 27, 2012, http://europa.eu/rapid/press-release_MEMO-12-500_en.htm?locale=en；以及"Online Platforms," Digital Single Market, Policy, May 4, 2018, https://ec.europa.eu/digital-single-market/en/online-platforms-digital-single-market（2018年10月30日造訪）。
13. European Commission, "Antitrust: Commission Sends Statement of Objections to Google on Android Operating System and Applications," press release, April 20, 2016, http://europa.eu/rapid/press-release_IP-16-1492_en.htm(accessed October 30, 2018).
14. 同上。
15. "Trust," *Merriam Webster*, https://www.merriam-webster.com/dictionary/trust (accessed June 21, 2018).
16. Glenn Harlan Reynolds, "When Digital Platforms Become Censors," *Wall Street Journal*, August 18, 2018，另見Jack Nicas, "Alex Jones and Infowars Content Is Removed from Apple, Facebook and YouTube," *New York Times*, August 6, 2018。
17. Nicholas Thompson and Fred Vogelstein, "Inside the Two Years that Shook Facebook—and the World," *Wired*, February 12, 2018.
18. 同上。
19. John Reed, "Hate Speech, Atrocities, and Fake News: The Crisis of Democracy in Myanmar," *Financial Times*, February 21, 2018；有關斯里蘭卡爆發宗教衝突，詳見Amanda Taub and Max Fisher, "Where Countries Are Tinderboxes and Facebook Is a Match," *New York Times*, April 21, 2018。

20. Thompson and Vogelstein, "Inside the Two Years."
21. 同上。
22. Rob Price, "Facebook Is Asking Users to Pick Which News Outlets Are 'Trustworthy'—and Will Demote the Losers in Your Feed," *Business Insider*, January 19, 2018.
23. Issie Lapowsky, "Facebook's Election Safeguards Are Still a Work in Progress," *Wired*, March 29, 2018.
24. Nicholas Thompson, "Mark Zuckerberg Talks to *Wired* about Facebook's Privacy Problem," *Wired*, March 21, 2018.
25. Reynolds, "When Digital Platforms Become Censors."
26. 同上。
27. "Top Facebook Executive Defended Data Collection in 2016 Memo—and Warned That Facebook Could Get People Killed," *BuzzFeed News*, https://www.buzzfeednews.com/article/ryanmac/growth-at-any-cost-top-facebook-executive-defended-data #.iuq17wEa9 (accessed August 20, 2018).
28. Hannah Kuchler, "Inside Facebook's Content Clean-up Operation," *Financial Times*, April 24, 2018；以及"Transcript of Mark Zuckerberg's Senate Hearing," *Washington Post*, April 10, 2018。
29. Jen Kirby, "9 Questions About Facebook and Data Sharing You Were Too Embarrassed to Ask," *Vox*, April 10, 2018.
30. Kevin Roose, "How Facebook's Data Sharing Went from a Feature to a Bug," *New York Times*, March 19, 2018.
31. Thompson, "Mark Zuckerberg Talks."
32. Reynolds, "When Digital Platforms Become Censors."
33. Elaine Pofeldt, "Are We Ready for a Workforce That Is 50% Freelance?" *Forbes*, October 17, 2017.
34. 同上。
35. Noam Scheiber, "Gig Economy Business Model Dealt a Blow in California Ruling," *New York Times*, April 30, 2018.
36. Sarah Kessler, "The Gig Economy Won't Last Because It Is Being Sued to

Death," *Fast Company*, February 17, 2015.

37. Andrei Hagiu and Julian Wright, "The Status of Works and Platforms in the Sharing Economy," June 20, 2018, http://andreihagiu.com/wp-content/uploads/2018/07/Liquidity-constraint-06202018.pdf（2018年9月11日造訪）；以及Andrei Hagiu and Rob Biederman, "Companies Need an Option Between Contractor and Employee," *Harvard Business Review*, August 21, 2015。
38. Kia Kokalitcheva, "Lyft to Pay $12.3 Million as Part of a Proposed Labor Lawsuit Settlement," *Fortune*, January 27, 2016.
39. Jeff John Roberts, "Is a Maid an Employee? Looking for a Third Way in the On-Demand Economy," *Fortune*, February 10, 2016.
40. 同上。
41. Josh Eidelson, "U.S. Labor Board Complaint Says On-Demand Cleaners Are Employees" *Bloomberg*, August 30, 2017.
42. Sarah Butler, "Deliveroo Boss Doubled His Pay Ahead of Riders' Protest," *Guardian*, November 11, 2016.
43. Nic Hart and Alice Head, "Gig Economy Update—CAC Rules in Favour of Deliveroo in Worker Status Test Case," *Steptoe UK Employment Law Alert*, November 23, 2017.
44. Sarah Butler, "Deliveroo Wins Right Not to Give Riders Minimum Wage or Holiday Pay," *Guardian*, November 14, 2017.
45. Robert Wood, "FedEx Settles Independent Contractor Mislabeling Case for $228 Million," *Forbes*, June 16, 2015.
46. Kimball Norup, "Another FedEx Worker Misclassification Case Settled for $227 Million," *TalentWave*, May 9, 2017.
47. Jeffrey S. Horton Thomas and Steven P. Gallagher, "Say Goodbye to Independent Contractors: The New 'ABC' Test of Employee Status," *HR Defense*, May 7, 2018.
48. Benjamin Edelman, "Uber Can't Be Fixed—It's Time for Regulators to Shut It Down," *Harvard Business Review*, June 2017.
49. 這條法規適用於「平台業者」，定義為以專業方式提供公共線上通訊服務的自然人或法人（無論是否獲得酬勞），這類服務依賴：(1)透過數據處理第三方提供或上傳的內容、商品或服務，來進行列表或排名；(2)連接多方以買賣商品、提供服務，或者交換或共享內容、商品或服務。French Law: Loi N° 2016-1321 du 7 Octobre 2016 pour une République Numérique, Article 49, https://www.legifrance.gouv.fr/eli/loi/2016/10/7/ECFI1524250L/jo/texte（2018年10月30日造訪）。

50. European Commission, "Online Platforms."
51. Laura Stevens, "Why a Trump-Led Antitrust Case Against Amazon Is a Long Shot," *Wall Street Journal*, March 31, 2018.
52. Lina M. Khan, "Amazon's Antitrust Paradox," *Yale Law Journal* 126, no. 3 (2017): 710–805.
53. Linda Qiu, "Does Amazon Pay Taxes? Contrary to Trump Tweet, Yes," *New York Times*, August 16, 2017.
54. 同上。
55. Daniel Keyes, "How e-Tailers Can Steal Amazon's Customers at the Last Moment," *Business Insider Intelligence*, June 1, 2018(accessed October 30, 2018).
56. Emma Woollacott, "YouTube Hires More Moderators as Content Creators Complain They're Being Unfairly Targeted," *Forbes*, December 5, 2017.
57. Sam Levin, "Google to Hire Thousands of Moderators After Outcry Over YouTube Abuse Videos," *Guardian*, December 5, 2017.
58. Susan Wojcicki, "Expanding Our Work Against Abuse of Our Platform," *YouTube Official Blog*, December 4, 2017, https://youtube.googleblog.com/2017/12/expanding-our-work-against-abuse-of-our.html(accessed October 30, 2018).
59. 同上。
60. Alex Hern, "YouTube to Manually Review Popular Videos Before Placing Ads," *Guardian*, January 17, 2018.
61. Amar Toor, "EU Close to Making Facebook, YouTube, and Twitter Block Hate Speech Videos," *Verge*, May 24, 2017.

62. Catherine Supp, "Commission Backs Away from Regulating Online Platforms over Hate Speech," *Euractiv*, January 19, 2018.
63. European Commission, "Results of Commission's Last Round of Monitoring of the Code of Conduct Against Online Hate Speech," January 2018, http://ec.europa.eu/newsroom/just/item-detail.cfm?item_id=612086(accessed October 30, 2018).
64. David B. Yoffie and Mary Kwak, "Playing by the Rules: How Intel Avoids Antitrust Litigation," *Harvard Business Review*, June 2001, 119–22.

第七章　展望：平台與未來

1. Georgia Wells, "Snapchat Zigs Where Facebook Zags," *Wall Street Journal*, June 14, 2018.
2. Khari Johnson, "Everything Amazon's Alexa Learned to Do in 2017," *Venture Beat*, December 29, 2017; Paul Cutsinger, "2017 Alexa Skills Kit Year in Review: More Than 100 New Products, Programs, Features, and Tools" January 5, 2018, https://developer.amazon.com/blogs/alexa/post/829a615b-301f-407c-96e7-6956fb988570/2017-alexa-skills-kit-year-in-review-more-than-100-new-products-programs-features-and-tools（2018年5月2日造訪）；以及Monica Chin, "Amazon Is Killing the Skill (as We Know It)," *Tom's Guide*, September 13, 2018。
3. Jake Swearingen, "Amazon Could Give the Echo Dot Away and Still Make Money," *New York Magazine*, January 3, 2018.
4. James Stables, "Google Assistant Aces Accuracy Study—but Alexa Is Catching Up Fast," *Ambient,* April 30, 2018.
5. Rob Verger, "Someday, You Might Subscribe to a Self-Driving Taxi Service, Netflix-Style," *Popular Science*, March 15, 2018.
6. 同上。
7. Phil LeBeau, "General Motors Plans to Take On Ride-Sharing Services with Self-Driving Cars by 2019," *CNBC*, November 30, 2018, https://www.cnbc.

com/2017/11/30/gm-to-take-on-ride-sharing-services-with-self-driving-cars-by-2019.html(accessed June 2018).

8. Caitlin Huston, “Driverless Cars Could Cost 35 Cents per Mile for the Uber Consumer,” *Marketwatch*, September 19, 2016, https://www.marketwatch.com/story/demand-for-driverless-cars-could-boost-uber-to-2016-09-19(accessed June 2018).
9. Christopher Mims, “How Self-Driving Cars Could End Uber,” *Wall Street Journal*, May 7, 2017.
10. Max Chafkin, “Uber’s First Self-Driving Fleet Arrives in Pittsburgh This Month,” *Bloomberg*, August 18, 2016.
11. 詳見Lyft, “The Open Autonomous Era,” https://take.lyft.com/open-platform/（2018年6月造訪）。
12. Mike Isaac, “Lyft Adds Ford to Its List of Self-Driving Car Partners,” *New York Times*, September 27, 2018, https://www.nytimes.com/2017/09/27/technology/lyft-ford-self-driving-cars.html?mcubz=0(accessed June 2018).
13. John Zimmer, “The Third Transportation Revolution: Lyft’s Vision for the Next Ten Years and Beyond,” *Medium*, September 18, 2016, https://medium.com/@johnzimmer/the-third-transportation-revolution-27860f05fa91(accessed June 2018).
14. Isaac, “Lyft Adds Ford.”
15. 這部分內文依據Michael A. Cusumano, “The Business of Quantum Computing,” *Communications of the ACM* 61, no. 10 (October 2018): 20–22。
16. Jason Palmer, “Here, There, and Everywhere: Quantum Technology Is Beginning to Come into Its Own,” *Economist*, May 20, 2018.
17. “List of Companies Involved in Quantum Computing or Communication,” *Wikipedia*, https://en.wikipedia.org/wiki/List_of_companies_involved_in_quantum_computing_or_communication(accessed May 26, 2018).
18. Veritasium, “How Does a Quantum Computer Work?” YouTube, June 17, 2013, https://www.youtube.com/watch?v=g_IaVepNDT4(accessed May 30, 2018).
19. Alan MacCormack, Ajay Agrawal, and Rebecca Henderson, “D-Wave Systems:

Building a Quantum Computer" (Boston: Harvard Business School Publishing, Case #604-073, 2004).

20. Quentin Hardy, "A Strange Computer Promises Great Speed," *New York Times*, March 21, 2013；以及Lev Grossman, "Quantum Leap," *Time*, February 17, 2014。
21. Cade Metz, "Yale Professors Race Google and IBM to the First Quantum Computer," *New York Times*, November 13, 2017.
22. Xanadu, "Strawberry Fields," https://www.xanadu.ai/software/(accessed May 28, 2018).
23. Simon Bisson, "Inside Microsoft's Quantum Computing World," *InfoWorld*, October 17, 2017；以及Allison Linn, "The Future Is Quantum: Microsoft Releases Free Preview of Quantum Development Kit," December 11, 2017, https://blogs.microsoft.com/ai/future-quantum-microsoft-releases-free-preview-quantum-development-kit/（2018年5月27日造訪）。
24. Brian Wang, "D-Wave Adiabatic Quantum Computer Used by Harvard to Solve Protein Folding Problems," *Next Big Future*, August 16, 2012.
25. Michael Brooks, "Quantum Computers Buyers' Guide: Buy One Today," *New Scientist*, October 15, 2014.
26. Sara Castellanos, "Companies Look to Make Quantum Leap with New Technology," *Wall Street Journal*, May 6, 2017；以及Jack Ewing, "BMW and Volkswagen Try to Beat Google and Apple at Their Own Game," *New York Times*, June 22, 2017。
27. "List of Companies Involved in Quantum Computing or Communication."
28. Owen Matthews, "How China Is Using Quantum Physics to Take Over the World and Stop Hackers," *Newsweek*, October 30, 2017.
29. Steve Brachman, "U.S. Leads World in Quantum Computing Patent Filings with IBM Leading the Charge," *IP Watchdog*, December 4, 2017.
30. Richard Gray, "Why Gene Therapy Will Create So Many Jobs," *BBC.com*, October 15, 2018, http://www.bbc.com/capital/story/20181003-why-gene-therapy-will-create-so-many-jobs/(accessed October 22, 2018).

31. 我們特別感謝麻省理工學院史隆管理學院博士生Samantha Zyontz，協助我們理解CRISPR並為這次CRISPR的討論做紀錄。我們也感謝麻省理工學院生物醫學創新中心（MIT Center for Biomedical Innovation）的Gigi Hirsch及David Fritsche的協助。
32. Carl Zimmer, "Breakthrough DNA Editor Born of Bacteria," *Quanta*, February 6, 2015.
33. McKinsey & Company, "Realizing the Potential of CRISPR," January 2017, https://www.mckinsey.com/industries/pharmaceuticals-and-medical-products/our-insights/realizing-the-potential-of-crispr(accessed June 6, 2018).
34. Michael Specter, "How the DNA Revolution Is Changing Us," *National Geographic*, August 2016.
35. Gina Kolata and Pam Belluck, "Why Are Scientists So Upset About the First Crispr Babies?" *New York Times*, December 5, 2018.
36. Samantha Zyontz, "Running with (CRISPR) Scissors: Specialized Knowledge and Tool Adoption," Technological Innovation, Entrepreneurship, and Strategic Management Research Seminar, *MIT Sloan School of Management*, October 22, 2018.
37. 詳見AddGene, "CRISPR Plasmids and Resources," https://www.addgene.org/crispr/（2018年10月19日造訪）。
38. 詳見Antonio Regalado, "Start-up Aims to Treat Muscular Dystrophy with CRISPR," *MIT Technology Review*, February 27, 2017；以及Editas Medicine, "Our Pipeline," http://www.editasmedicine.com/pipeline（2018年6月14日造訪）。
39. Amirah Al Idrus, "Feng Zhang and David Liu's Base-Editing CRISPR Start-up Officially Launches with $87 Million," *FierceBiotech.com*, May 14, 2018.
40. Kashyap Vayas, "New CRISPR-based Platform Could Soon Diagnose Diseases from the Comfort of Your Home," *Science*, April 29, 2018；以及Megan Molteni, "A New Start-up Wants to Use CRISPR to Diagnose Disease," *Wired*, April 26, 2018。

41. "CRISPR Company Cofounded by Jennifer Doudna Comes Out of Stealth Mode," *Genome Web*, April 26, 2018, https://www.genomeweb.com/business-news/crispr-company-cofounded-jennifer-doudna-comes-out-stealth-mode#.WxgKnVVKicM(accessed June 6, 2018).
42. David Cyranoski, "CRISPR Alternative Doubted," *Nature*, August 11, 2016, 136–37.
43. Labiotech editorial team, "The Most Important Battle in Gene Editing: CRISPR Versus TALEN," Labiotech, March 13, 2018, https://labiotech.eu/features/crispr-talen-gene-editing/（2018年10月22日造訪）；以及Michael Boettcher and Michael T. McManus, "Choosing the Right Tool for the Job: RNAi, TALEN, or CRISPR," *Molecular Cell* 58, no. 4 (May 21, 2015): 575–85, https://www.ncbi.nlm.nih.gov/pmc/articles/PMC4441801/（2018年10月23日造訪）。
44. Eric Lander, "The Heroes of CRISPR," *Cell*, January 14, 2016.
45. Carl Zimmer, "What Is a Genetically Modified Crop? A European Ruling Sows Confusion," *New York Times*, July 27, 2018.
46. Erika Check Hayden, "Should You Edit Your Children's Genes?" *Nature*, February 23, 2016.

BW0737

平台策略
在數位競爭、創新與影響力掛帥的時代勝出

原　書　名／The Business of Platforms: Strategy in the Age of Digital Competition, Innovation, and Power
作　　　者／麥可・庫蘇馬諾（Michael A. Cusumano）、
安娜貝爾・高爾（Annabelle Gawer）、
大衛・尤菲（David B. Yoffie）
譯　　　者／陳琇玲
編 輯 協 力／李　晶
責 任 編 輯／鄭凱達
企 畫 選 書／鄭凱達
版　　　權／黃淑敏
行 銷 業 務／莊英傑、周佑潔、王　瑜、黃崇華

總　編　輯／陳美靜
總　經　理／彭之琬
事業群總經理／黃淑貞
發　行　人／何飛鵬
法 律 顧 問／台英國際商務法律事務所　羅明通律師
出　　　版／商周出版
臺北市南港區昆陽街16號4樓
電話：(02) 2500-7008　傳真：(02) 2500-7759
E-mail: bwp.service @ cite.com.tw
發　　　行／英屬蓋曼群島商家庭傳媒股份有限公司　城邦分公司
臺北市南港區昆陽街16號8樓
讀者服務專線：0800-020-299　24小時傳真服務：(02) 2517-0999
讀者服務信箱E-mail: cs@cite.com.tw
劃撥帳號：19833503　戶名：英屬蓋曼群島商家庭傳媒股份有限公司城邦分公司
訂 購 服 務／書虫股份有限公司客服專線：(02) 2500-7718；2500-7719
服務時間：週一至週五上午09:30-12:00；下午13:30-17:00
24小時傳真專線：(02) 2500-1990；2500-1991
劃撥帳號：19863813　戶名：書虫股份有限公司
E-mail: service@readingclub.com.tw
香港發行所／城邦（香港）出版集團有限公司
香港九龍土瓜灣土瓜灣道86號順聯工業大廈6樓A室
電話：(852) 2508-6231　傳真：(852) 2578-9337　E-mail: hkcite@biznetvigator.com
馬新發行所／城邦（馬新）出版集團
Cite (M) Sdn. Bhd.
41, Jalan Radin Anum, Bandar Baru Sri Petaling, 57000 Kuala Lumpur, Malaysia.
電話：(603) 9057-8822　傳真：(603) 9057-6622　E-mail: cite@cite.com.my

封 面 設 計／FE Design葉馥儀
印　　　刷／鴻霖印刷傳媒股份有限公司
經　銷　商／聯合發行股份有限公司　電話：(02) 2917-8022　傳真：(02) 2911-0053
地址：新北市新店區寶橋路235巷6弄6號2樓

■2020年3月3日初版1刷
■2024年4月25日初版4.6刷
Printed in Taiwan

國家圖書館出版品預行編目（CIP）資料

平台策略：在數位競爭、創新與影響力掛帥的時代勝出／麥可・庫蘇馬諾（Michael A. Cusumano）、安娜貝爾・高爾（Annabelle Gawer）、大衛・尤菲（David B. Yoffie）合著；陳琇玲譯. -- 初版. -- 臺北市：商周出版：家庭傳媒城邦分公司發行, 2020.03
面；　公分
譯自：The business of platforms : strategy in the age of digital competition, innovation, and power
ISBN 978-986-477-795-2（精裝）
1. 企業策略　2. 策略管理　3. 電子商務
494.1　　109001210

定價450元
ISBN 978-986-477-795-2